U0346954

"十三五"国家重点出版物出版规划项目

现代土木工程精品系列图书

新型玻璃幕墙光热传输理论与应用

李　栋　刘昌宇　著

哈尔滨工业大学出版社

内 容 简 介

本书阐述了含相变材料新型玻璃幕墙光热传输特性的实验研究和数值模拟方法,介绍了透射法实验获取玻璃和相变材料透射光谱及其热辐射物性反演的基础知识。本书作为含相变材料玻璃幕墙结构光热性能分析理论学习的工具,给出了基于半透明材料透射光谱测量数据反演其热辐射物性的实验和理论研究结果,可供读者参考。

本书可供动力工程及工程热物理、土木工程及相关专业研究生以及从事建筑节能技术和太阳能利用研究的科研工作者参考。

图书在版编目(CIP)数据

新型玻璃幕墙光热传输理论与应用/李栋,刘昌宇
著. —哈尔滨:哈尔滨工业大学出版社,2019.1
ISBN 978 - 7 - 5603 - 7990 - 6

Ⅰ.①新… Ⅱ.①李… ②刘… Ⅲ.①玻璃-幕墙-相变-建筑材料-热传导-研究 Ⅳ.①TU227 ②TU5

中国版本图书馆 CIP 数据核字(2019)第 029884 号

策划编辑 王桂芝 张凤涛
责任编辑 刘 瑶 王 玲
出版发行 哈尔滨工业大学出版社
社 址 哈尔滨市南岗区复华四道街 10 号 邮编 150006
传 真 0451 - 86414749
网 址 http://hitpress.hit.edu.cn
印 刷 黑龙江艺德印刷有限责任公司
开 本 787mm×1092mm 1/16 印张 10.5 字数 220 千字
版 次 2019 年 1 月第 1 版 2019 年 1 月第 1 次印刷
书 号 ISBN 978 - 7 - 5603 - 7990 - 6
定 价 68.00 元

(如因印装质量问题影响阅读,我社负责调换)

前　　言

　　随着建筑采光标准的逐渐提高,玻璃幕墙类围护结构广泛应用在办公楼、商场和体育馆等高大建筑上,但由于其蓄热性差、透光性强导致其围护结构散热损失大,冬、夏季节需要消耗更多的能源以维持玻璃幕墙类围护结构建筑室内热环境,增大了夏季制冷负荷和冬季热负荷,所以此类建筑节能效果差。现阶段在玻璃类围护结构中添加半透明相变材料改善其光热性能,是一项有效的建筑节能技术。例如,近期诸多国外学者在研究中发现在玻璃围护结构中添加石蜡等半透明相变材料可有效提高其蓄热能力,并对其透光性能影响较小。而我国多数相关科研人员目前仍没有重视此类技术开发和研究,尚在采用传统手段来改进玻璃围护结构的热性能。因此,针对我国地区的气候环境,有步骤地开展含半透明相变材料玻璃围护结构技术开发及其适用性研究,对发展和普及这项新型建筑节能技术具有重要的意义。

　　东北石油大学"建筑节能与太阳能利用"研究室总结了多年来开展的半透明材料热辐射物性参数测量、玻璃类围护结构太阳能光热利用、玻璃类围护结构建筑节能等领域的研究成果,撰写了本专著,旨在为改善此类建筑结构并提升其节能效果提供一定的方法支持。本书包含了玻璃和相变材料热辐射物性反演计算模型、典型玻璃和相变材料的光谱特性及其热辐射物性数据、含相变材料层玻璃通道稳态光热传输计算方法、含相变材料层玻璃通道瞬态光热传输计算方法、含相变材料百叶玻璃幕墙传热实验和仿真等研究成果。为便于读者理解,本书附有玻璃材料热辐射物性反演算例、液态相变材料透射光谱实验数据、含相变材料围护结构光热传输仿真算例和实验案例,内容充实、新颖、实用。

　　本书各章的撰写分工如下:李栋撰写第1、6、7章,刘昌宇撰写第2、3、4、5章,全书由李栋统稿。

　　本书成果得到了中国国家自然科学基金青年科学基金项目"太阳能光谱特性作用下内嵌半透明相变材料层玻璃幕墙光热传输特性研究"(编号:51306031)资助。本书在撰写的过程中,借鉴了众多专家、学者的著作和研究成果,在此笔者一并表示衷心的感谢。

　　由于笔者的时间有限,书中难免有不足之处,敬请读者和同行批评指正。

作　者

2018 年 11 月

目　　录

第1章 绪 论

1.1 研究背景及意义

玻璃幕墙类围护结构具有美观、采光性好等优点,被广泛应用在办公楼、商场和体育馆等高大建筑中,但由于其隔热性差、透光性强导致其结构散热量大,在夏季和冬季需要消耗更多的能源以维持其室内温度,造成了夏季制冷负荷和冬季热负荷大,其节能效果差。据统计,建筑能耗占社会总能耗的30%左右,其中建筑围护结构能耗占建筑能耗的80%,而玻璃幕墙类围护结构能耗尤为严重。我国"十三五"规划明确提出了应对全球气候变化及绿色低碳发展的规划目标,要求发展建筑节能技术,使之成为绿色建筑、生态建筑发展的前提条件。

目前,国内外研究人员通过在玻璃幕墙类围护结构中添加石蜡等半透明相变材料以改善其光热性能,然而其传热机理和材料物性研究尚处于起步阶段,导致这类技术发展缓慢。我国幅员广阔,太阳辐射强度呈现出"南低北高"的特点,地处高纬度的寒冷地区太阳能资源丰富,发展含石蜡类半透明相变材料玻璃幕墙类围护结构可以有效利用太阳能并减少能源消耗,对开发绿色建筑和生态建筑具有重要的意义。

玻璃幕墙是一种典型的玻璃围护结构,其中传统型玻璃幕墙结构如图1.1(a)所示。通过遮阳百叶有效降低传入室内的太阳辐射强度,同时其起到阻挡光、声污染和调节幕墙空腔内气流的作用。然而,传统型玻璃幕墙蓄热能力低,导致此类结构建筑的室内热环境受外界环境影响大。含半透明相变材料幕墙是目前发展的一种新型建筑节能技术,是传统型玻璃幕墙的改良版。其原理是将内置遮阳卷帘替换为封装石蜡类半透明相变材料百叶,如图1.1(b)所示,百叶可以调节旋转以充分吸收部分光谱太阳能而蓄热,并且在日落后可以利用相变储热有效地缓解室外冷空气对室内热环境的影响,减少冬季的采暖费用。对这类新型双层玻璃幕墙的推广发展,不仅满足人们对于建筑热舒适性的要求,而且起到了一定的节能环保作用。然而,这类玻璃幕墙结构受室内外热环境、幕墙内气流的影响,存在着自然对流、辐射传热等多场耦合作用,同时幕墙材料均为半透明材料,可对太阳能进行反射、折射和吸收,导致其光热传输机理比较复杂。含半透明相变材料幕墙光热传输机理是分析其幕墙结构对室内热环境影响的基础,也是推广发展这类新型幕墙的关键所在。虽然国内外学者对相变材料蓄热特性、含相变材料建筑围护结构传热特性研究很多,但对含半透明相变材料幕墙的光热特性研究相对较少。

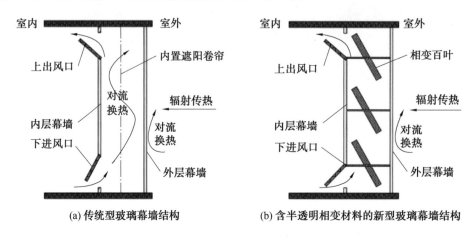

(a) 传统型玻璃幕墙结构　　　　(b) 含半透明相变材料的新型玻璃幕墙结构

图 1.1　传统型与新型玻璃幕墙结构

本书以含半透明相变材料的新型玻璃围护结构为研究对象,通过对其光热数值模拟与实验、材料光热物性的研究现状分析,发现现存的问题,并对部分关键问题进行了研究,为下一步进行这类新型玻璃围护结构技术的创新与发展提供一定的参考。

1.2　国内外研究现状

国内外研究主要集中在幕墙传热性能数值模拟、幕墙传热性能实验研究和幕墙材料光热物性等方面。

1.2.1　幕墙传热性能数值模拟研究

随着计算机技术的发展,很多研究者通过计算流体力学软件来模拟分析建筑内部的导热、对流换热和辐射换热过程,获得其温度、速度场等参数信息,同实验研究相比节约了大量时间。

在传统幕墙数值模拟方面,Heinrich 等人建立了一个包含对流、导热和辐射耦合传热与光学相结合的二维数理模型,分析了机械通风下双层玻璃幕墙的热性能,指出总能量透射率是影响室内冷负荷和热舒适性的主要参数。Joe 等人针对不同的玻璃型号和空腔尺寸建立了双层玻璃幕墙的空腔模型,模拟发现能量耗损随着空腔深度的减小而降低。Jiru 等人模拟了遮阳百叶在幕墙中不同位置情况下的热工性能,得出内层玻璃表面温度随遮阳百叶的靠近而增高。Ghadimi 等人基于中心网格体积法(Cell Centered Volume

Method,CCVM),通过假定空腔温度为各垂直细分部位的平均温度,并且认为焓流只发生在垂直方向,建立了幕墙自然通风的二维传热模型,结果表明正确的幕墙配置能提高能量利用率。Ahmed 等人借助 Fluent 6.3 模拟了双层玻璃幕墙内不同百叶倾角对幕墙通道热流密度的影响,结果表明百叶倾角为 60° 时,通道热流密度达到最小值。Brandl 等人建立了幕墙通道的三维稳态传热模型,模拟其热特性与通风性能,结果表明幕墙通风可有效降低室内热负荷。上述研究表明,幕墙中百叶设置对其传热和流动性能影响较大。

在含相变材料幕墙数值模拟方面,Gracia 等人基于有限体积法(Finite Volume Method, FVM),建立了二维含 SP – 22(相变材料)玻璃幕墙传热模型,辐射过程为表面辐射,把 SP – 22 熔化和凝固阶段散热当作热源处理,利用计算流体动力学(CFD)模拟结果表明凝固时间越短,幕墙储能效率越高。Amori 等人基于有限体积法建立了通风幕墙的二维非稳态传热模型,模拟分析了含石蜡(相变材料)和不含石蜡的幕墙热通道内传热及气体流动过程,结果表明含石蜡幕墙在日落后能够延长自然通风时间。Goia 等人基于一维节点模型建立了通风幕墙传热的数理模型,模型假定红外范围内玻璃表面是灰体,室内、外表面环境分别是灰体和黑体,通过模拟分析了石蜡层与半透明材料耦合作用的热特性,发现其模型具有一定的局限性。然而,在模拟过程中,上述文献并没有考虑石蜡类半透明材料的光学物性对其传热的影响。

1.2.2 幕墙传热性能实验研究

目前,幕墙传热性能实验研究主要采用原型实验和模型实验两种方法。其中,原型实验是在原建筑物的基础上展开的实验测试;模型实验是基于相似原理,在仿照原型并按照一定比例关系复制而成的模型上进行的实验,具有原型实验的部分或全部特征。

1. 原型实验研究

Nicola 等人在供热季节和夏季实测了室内分布横向热源、幕墙腔内分布垂直热源的双层玻璃幕墙建筑通风性能,结果表明合理敞开幕墙的尺寸可以有效降低室内热负荷和冷负荷。Joep 等人对如图 1.2 所示的玻璃幕墙建筑的室内温度及幕墙通道温度进行了测试,分析了其在自然通风情况下对通道传热的影响,发现玻璃幕墙内传热特性主要受太阳辐射和"烟囱效应"影响。Jaewan 等人在供暖和制冷季节测试了一栋双层玻璃幕墙建筑的传热性能,发现与单层幕墙建筑相比在冬季节约能耗的 28.2%,在夏季节约能耗的 2.3%,其实测的建筑物如图 1.3 所示。Wang 等人通过测试发现幕墙内置卷帘最佳安装的范围是距内窗 0.05 ~ 0.08 m。Alvaro 等人在供热季节连续 3 个月测试了含 SP – 22 材料双层玻璃幕墙系统的内表面温度,结果表明该幕墙系统可以有效减少空调负荷。

Francesco 等人对含石蜡相变玻璃窗与传统玻璃窗的表面温度和辐射能量进行了 6 个月的对比测试实验,发现供热和制冷季节含相变材料窗室内可以形成更舒适的热环境。Andelkovi 等人在2013 ~ 2014 年度实地测量了多栋双层玻璃幕墙建筑来分析幕墙的节能效率,结果表明使用双层玻璃幕墙并不一定能减少能量消耗。

上述玻璃幕墙原型实验表明,填充石蜡类半透明相变材料可以有效改善室内环境温度,然而这些实验是在地中海气候条件下进行的,所在实验环境温度一般较高。

图 1.2 Joep 实测的建筑物

图 1.3 Jaewan 实测的建筑物

2. 模型实验研究

Silva 等人搭建了含相变材料和不含相变材料的 2 组、4 个实验房(图 1.4),通过改变其中一组百叶排布位置进行白天和夜晚对比测试,研究结果表明相变材料潜热能够调节一定的室内环境温度,并能提高建筑的能源利用效率。

Jorge 等人使用多种类型玻璃搭建了尺寸为 1.43 m × 1.00 m 的双层窗室外实验装置

图 1.4　Silva 搭建的 4 个对比实验房

（图 1.5），通过在外层窗上开启两个通风口分析不同工况下空气通道内太阳得热系数对其传热影响，结果表明太阳得热系数主要取决于玻璃的材质及其透射率。Ye 等人搭建了如图 1.6 所示的两组尺寸为 1.7 m × 1.7 m × 3.0 m 的实验房，幕墙通道厚度为 0.4 m（其中一组幕墙顶部可以喷水），通过控制喷水量和调整幕墙朝向来分析室内温度改变情况，结果表明喷水量在 1.5 L/min 时降温最佳，朝向为北时的节能效果达到了 62.5%。

图 1.5　Jorge 搭建的小型双层窗

(a) 实验房

图 1.6　Ye 设计的实验房和原理图

（原理图左右侧分别为喷水测试和对比实验）

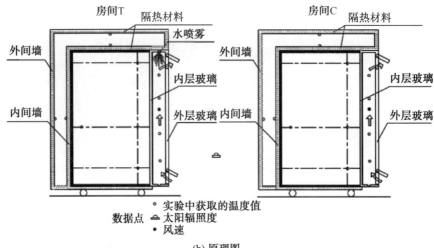

数据点
- 实验中获取的温度值
- 太阳辐照度
- 风速

(b) 原理图

续图 1.6

Gracia 等人布置了如图 1.7 所示的两组尺寸为 $2.4\ m \times 2.4\ m \times 5.1\ m$ 的房间,其中一组在南向 15 cm 宽的空腔内植入了 SP – 22 相变材料,通过测量两组房间在冬季和过渡季节的热性能,发现在冬季含相变材料的通风腔使室内环境温度增加了 9 ℃,但过渡季节含相变材料通风腔的作用很小。Weinlaeder 等人设置了一个含相变材料(Phase Change Material,PCM)百叶的太阳能玻璃窗,连续 3 年监测太阳能玻璃窗室内侧温度,监测结果发现只要 PCM 未全部熔化,其百叶全封闭状态下太阳得热系数减小到 0.25,45° 倾角时太阳得热系数为 0.3,而没有 PCM 时太阳得热系数分别为 0.35 和 0.41。

图 1.7　Gracia 制作的模型

(图中左侧为含相变材料玻璃空腔,右侧为无玻璃空腔)

Li 等人分析了冬天和夏天环境下添加石蜡玻璃窗与真空玻璃层的隔热性能,发现添加石蜡材料的玻璃隔热效果优于真空玻璃,Li 搭建的两组对比实验房如图 1.8 所示。Carbonari 等人搭建了如图 1.9 所示外部尺寸为 $1\ m \times 1\ m \times 1.2\ m$ 的两组实验装置,其内部尺寸为 0.60 m × 0.75 m × 0.75 m,朝阳面的双层玻璃窗尺寸为 0.5 m × 0.5 m,其中一组为 0.012 m 干空气层双层窗,另一组添加一层厚度为 0.001 5 m 的液状石蜡层,通过测试分析其在夏季工况下的室内温度和内表面温度,并通过分析透过玻璃窗的辐射能来获得玻璃窗热流密度,结果表明含液状石蜡层玻璃能增加透入室内的太阳能。

图 1.8 Li 搭建的两组对比实验房

图 1.9 Carbonari 搭建的小型双层窗

通过上述文献分析表明,国际上很注重原型实验研究,实验方法主要是通过测试室内相关数据以反映其节能效率,或得到幕墙系统相关的系数来表征其传热效果。原型实验能够提供可靠的实验数据,但周期长、费用高、影响因素众多。模型实验是发展新型玻璃幕墙实验研究中不可或缺的一部分,主要通过做出一定的假设、忽略部分影响因素、改变模型内部构造或搭建多组不同配置的对比实验房进行实验研究,能克服原型实验的一些缺点,但室外实验仍然面临环境气温和太阳辐射强度变化的影响,很难定量分析其传热性能。因此,开展新型玻璃幕墙围护结构光热传输定量实验是至关重要的。

1.2.3 幕墙材料光学物性研究

石蜡类半透明相变材料和玻璃是组成新型玻璃幕墙的重要部分,其材料光学物性是研究含石蜡类半透明相变材料新型玻璃幕墙围护结构光热传输的基础。

针对玻璃材料的光学物性,Li 等人采用 Bruke V70 傅里叶光谱仪测试了厚度分别为 2 mm、3 mm 和 4 mm 的单块 ZnSe 玻璃样品和两块厚度为 3 mm 的 ZnSe 玻璃样品叠加的透射光谱,结果表明不同厚度的单块 ZnSe 玻璃样品透光性能差距较小,而总厚度相同的单块样品和两块叠加样品的透光性能差距很大,这是由两块叠加样品间缝隙中气体影响造成的。其所在的课题组成员通过 TU − 19 双光束可见光分光光度计测量了 1.5 mm 和 2.0 mm 载玻片样品在紫外、可见光波长范围的透射光谱,结果表明该载玻片样品仅在波长为390 ~ 600 nm 时具有高透光性能,鉴于所使用载玻片样品透光性强的波段范围较窄,在利用该类型载玻片进行各种实验时要考虑光谱的使用范围。

针对石蜡材料的光学物性,Gowreesunker 等人用参比温度法和分光光度法原理对含相变材料玻璃单元的光热特性进行实验分析,其实验原理和装置图如图 1.10 所示,结果表明在 Rubitherm − RT 27(相变材料)快速相变阶段,透射光谱不稳定,而相变到液体阶段,可见光透射率从 40% 变化到 90%。Goia 等人用分光光度计等设备测量了 6 mm、15 mm 和 27 mm 3 种厚度下石蜡相变窗的透光率与反射率及不同入射角下的吸收光谱,结果表明在600 ~ 1 200 nm 光谱范围内,15 mm 较 6 mm 厚的相变材料透射率大,45° 以内不同厚度相变材料入射角增大,透射率也随之增大,Goia 实验所用的石蜡相变窗如图1.11所示。

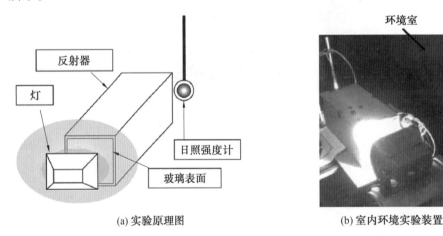

(a) 实验原理图　　　　　　　　　　(b) 室内环境实验装置

图 1.10　Gowreesunker 所采用的实验原理图和装置图

在材料的光学物性反演方法中,Keefe 在波数 100 ~ 400 cm⁻¹ 下通过透射比与 K − K(Kramers − Kronig)关系式结合法测量了己烷的常温光学常数,但测试数据的不确定度没有得到分析。李栋等人对比研究了半透明液体蒙特卡罗法和简化方程迭代法(SEI)反演模型,并分析了两种模型的适用范围。Otanicar 等人在考虑了填充液体半透明介质前后封装腔内壁反射率变化的影响,并测量乙烯基乙二醇和丙烯基乙二醇等常温液态半透明介质的光学常数,且对双厚度法进行修正,指出其反演折射率的误差较大,但具体模型及求解方法并未给出。

图 1.11　Goia 实验所用的石蜡相变窗

（左侧相变材料为固态,右侧为液态）

目前,国际上虽然开展了大量的幕墙材料光学物性研究,但公开报道的石蜡材料的光学物性数据较少,而且测试方法尚存在需要完善的地方。

1.3　本书的研究内容及技术路线

本书针对发展含石蜡类半透明相变材料新型玻璃幕墙的需求,测试了半透明材料的光谱特性,实验分析了含石蜡层玻璃幕墙结构的光热传输特性,通过建立的含石蜡层玻璃围护结构光热传输模型分析了光学物性对其光热传输的影响,并基于 Fluent 软件分析了含石蜡百叶玻璃幕墙通道传热和流动特性。具体的研究内容如下:

1. 含石蜡层玻璃结构光热传输实验

该实验通过“双厚度”法获得了玻璃材料的光学物性,通过发展的“双厚度”法新模型获得了石蜡的光学物性;通过搭建的含石蜡层玻璃围护结构光热传输室内测量平台,分析了石蜡厚度对其光热传输特性的影响。

2. 含石蜡玻璃幕墙围护结构光热传输实验

该实验搭建了含石蜡层玻璃幕墙类围护结构光热传输室外实验装置,分析了大庆地区秋、冬季节辐射强度和环境温度对其传热的影响,并探讨了石蜡材料熔化范围对其光热传输的影响。

3. 含石蜡层玻璃通道光热传输一维分析

考虑太阳能辐射和石蜡材料的相变特点,建立了含石蜡层玻璃围护结构的一维导热、相变和辐射耦合传热模型,基于布格尔定律和有限体积法求解其一维稳态传热,分析了辐射传热对含石蜡层玻璃围护结构的光热传输的影响;利用有限差分法求解其一维非稳态传热,并探讨了石蜡材料的光学常数和物性参数对其玻璃结构光热传输的影响。

4. 含石蜡百叶玻璃幕墙通道传热仿真

建立了含石蜡百叶玻璃幕墙通道的二维传热模型,基于 Fluent 软件模拟了通道内百叶角度、辐射强度对其传热的影响。

上述 4 项研究内容是开展含石蜡新型玻璃幕墙类围护结构光热传输特性研究的关键,各章节之间紧密结合共同组成了本书的主要研究内容。本书研究的技术路线如图 1.12 所示。

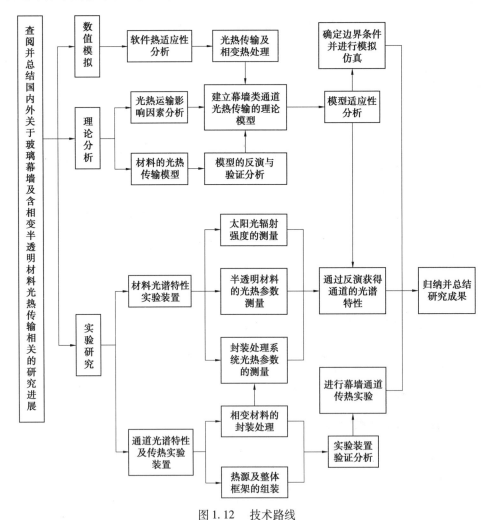

图 1.12　技术路线

第2章 玻璃光学物性测量方法

玻璃是封装相变材料的关键部件,其透光性能直接影响介质辐射特性的测量精度。在利用光学测试腔的透射光谱反演液态石蜡热辐射物性时,玻璃的热辐射物性是其反演计算的基础数据。玻璃的热辐射物性取决于其光学常数,而热辐射物性计算中涉及的光学常数主要包括吸收指数和折射率。

为获取玻璃的光学常数,本章在分析单层和双层玻璃样品辐射特性的基础上,建立了求解其透射比的正问题模型,引入和提出了3种基于样品透射光谱反演其光学常数的方法,建立了相应的反问题模型,编制了计算程序,分析了3种方法的理论适用范围,并分析了光学透射比和厚度的实验偏差对反演计算的影响。

2.1 方法1——基于光谱透射比方程简化的双厚度法

2.1.1 玻璃光谱透射比的正问题计算模型

玻璃的热辐射物性主要受其光学常数的光谱吸收指数 $k(\lambda)$(简写为 k)和光谱折射指数 $n(\lambda)$(简写为 n)的影响。为获得光学玻璃的热辐射物性,首先需要确定玻璃的光学常数。当一束光强为 I_0 的透射光线沿法线方向进入单层厚度为 L 的玻璃时,光线满足非偏振和漫射条件,且介质各向同性。玻璃透射光线跟踪示意图如图 2.1 所示,设玻璃界面反射率为 $\rho(\lambda)$(简写为 ρ),透射光线是各次透射 $1,2,3,\cdots$ 的叠加,即透射辐射强度 I 为

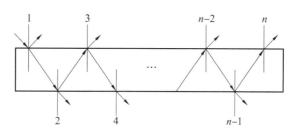

图 2.1 玻璃透射光线跟踪示意图

$$I = (1-\rho)^2 I_0 \mathrm{e}^{-\alpha L} + \rho^2 (1-\rho)^2 I_0 \mathrm{e}^{-3\alpha L} + \rho^4 (1-\rho)^2 I_0 \mathrm{e}^{-5\alpha L} + \cdots$$

$$= (1-\rho)^2 I_0 \mathrm{e}^{-\alpha L} \cdot (1 + \rho^2 \mathrm{e}^{-2\alpha L} + \rho^4 \mathrm{e}^{-4\alpha L} + \cdots)$$

$$= \frac{(1-\rho)^2 I_0 \mathrm{e}^{-\alpha L}}{1 - \rho^2 \mathrm{e}^{-2\alpha L}} \tag{2.1}$$

玻璃的光谱透射比和光谱反射比为

$$T = \frac{I}{I_0} = \frac{(1-\rho)^2 \mathrm{e}^{-\alpha L}}{1 - \rho^2 \mathrm{e}^{-2\alpha L}} \tag{2.2a}$$

$$R = \rho + \rho T \mathrm{e}^{-\alpha L} \tag{2.2b}$$

式中　$T(\lambda)$（简写为 T）——玻璃的光谱透射比；

　　　$R(\lambda)$（简写为 R）——玻璃的光谱反射比；

　　　$\alpha(\lambda)$（简写为 α）——玻璃的吸收系数，m^{-1}。

玻璃的吸收系数 α 满足

$$\alpha = \frac{4\pi k}{\lambda} \tag{2.3}$$

由 Fresnel 定律可知界面反射率 ρ 满足

$$\rho = \frac{(n-1)^2 + k^2}{(n+1)^2 + k^2} \tag{2.4}$$

2.1.2　玻璃光学常数的反问题计算模型

通过透射法测量确定某一波长 λ 下，厚度为 L_1、L_2 的两块玻璃的法向透射比测量值为 T_1、T_2。由式(2.2a)可知，T_1、T_2 应该满足以下关系式：

$$T_1 = \frac{(1-\rho)^2 \mathrm{e}^{-\alpha L_1}}{1 - \rho^2 \mathrm{e}^{-2\alpha L_1}} \tag{2.5a}$$

$$T_2 = \frac{(1-\rho)^2 \mathrm{e}^{-\alpha L_2}}{1 - \rho^2 \mathrm{e}^{-2\alpha L_2}} \tag{2.5b}$$

当玻璃的透射率和反射率较小时，可忽略 $\rho^2 \mathrm{e}^{-\frac{8\pi k L}{\lambda}}$ 的影响，对式(2.5a)和式(2.5b)进行简化得

$$T_1 = (1-\rho)^2 \mathrm{e}^{-4\pi k L_1/\lambda} \tag{2.6a}$$

$$T_2 = (1-\rho)^2 \mathrm{e}^{-4\pi k L_2/\lambda} \tag{2.6b}$$

当厚度 $L_2 > L_1$ 时，由式(2.6a)和式(2.6b)可以确定玻璃的吸收指数，即

$$k = -\frac{\lambda \ln(T_1/T_2)}{4\pi(L_1 - L_2)} \tag{2.7}$$

根据式(2.4)得

$$n = \frac{(1 + \rho) + \sqrt{(1 + \rho)^2 - (1 - \rho)^2 (1 + k^2)}}{1 - \rho} \qquad (2.8)$$

式(2.8) 尚缺少 ρ 的数据,导致无法求解,但可通过式(2.6) 进行求解,得

$$\rho = 1 - \frac{(T_1 e^{\frac{4\pi k L_1}{\lambda}})^{\frac{1}{2}} + (T_2 e^{\frac{4\pi k L_2}{\lambda}})^{\frac{1}{2}}}{2} \qquad (2.9)$$

2.1.3　透射比方程简化的不利影响分析

由 $\rho^2 e^{-\frac{8\pi k L}{\lambda}}$ 可以看出,透射比受反射率、吸收系数、介质穿透厚度和波长的影响,而吸收系数、介质穿透厚度和波长之间可以构成光谱透射率 $e^{-\frac{4\pi k L}{\lambda}}$。此时,式(2.6a) 与式(2.6b) 相应的变化分别为

$$T_1 = \frac{(1 - \rho)^2 \tau}{1 - \rho^2 \tau^2} \qquad (2.10)$$

$$T_2 = (1 - \rho)^2 \tau^2 \qquad (2.11)$$

式中　τ——内部透射率,$\tau = e^{-\frac{4\pi k L}{\lambda}}$。

下面分析不同反射率和透射率时忽略 $\rho^2 e^{-\frac{8\pi k L}{\lambda}}$ 对透射比计算的影响,不同吸收区域反演所用计算参数见表2.1,在 ρ、τ 范围内合理取值,利用式(2.10) 和式(2.11) 计算其对应的透射比,并分析两者的相对误差:

$$\Delta = \left| \frac{D_t - D_s}{D_t} \right| \times 100\% \qquad (2.12)$$

式中　Δ——相对误差;

　　　D_t、D_s——采用式(2.10) 和式(2.11) 计算出的透射比。

表 2.1　不同吸收区域反演所用计算参数

区域分类	透射率	反射率
透明	1.00	0.01 ~ 0.99
弱吸收	0.95	0.01 ~ 0.99
中吸收	0.50	0.01 ~ 0.99
高吸收	0.20	0.01 ~ 0.99
强吸收	0.05	0.01 ~ 0.99

不同反射率和透射率对透射比方程简化的影响如图 2.2 所示。由图可见,忽略 $\rho^2 e^{-\frac{8\pi k L}{\lambda}}$ 对透射比的影响,相对误差随着反射率的增大而增大,随着透射率的增加而增加。透射率越大,透射比方程简化的影响越明显;而在低透射率下,其随反射率增加的趋势相对平坦。这说明在一定程度上简化透射比方程,即在合适的透射率和反射率下,对透射比计算影响很小。同时,由图还可看出,透射率不变,忽略 $\rho^2 e^{-\frac{8\pi k L}{\lambda}}$ 前后透射比的相对误

差和反射率存在近似二次乘方的函数关系。

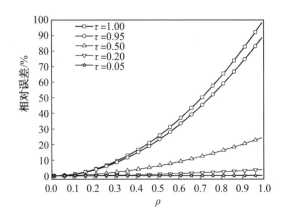

图2.2 不同反射率和透射率对透射比方程简化的影响

在透明区域,忽略$\rho^2 e^{-\frac{8\pi kL}{\lambda}}$前后透射比的相对误差满足函数关系式

$$\Delta = 100\rho^2 \tag{2.13}$$

由式(2.13)可知,当反射率为0.10时,其相对误差为1.00%。

在弱吸收区域,忽略$\rho^2 e^{-\frac{8\pi kL}{\lambda}}$前后透射比的相对误差满足函数关系式

$$\Delta = 90.25\rho^2 \tag{2.14}$$

由式(2.14)可知,当反射率为0.10时,其相对误差已经接近0.90%。

在中吸收区域,忽略$\rho^2 e^{-\frac{8\pi kL}{\lambda}}$前后透射比的相对误差满足函数关系式

$$\Delta = 25\rho^2 \tag{2.15}$$

由式(2.15)可知,当反射率为0.20时,其相对误差已经接近1.00%。

在高吸收区域,忽略$\rho^2 e^{-\frac{8\pi kL}{\lambda}}$前后透射比的相对误差满足函数关系式

$$\Delta = 4\rho^2 \tag{2.16}$$

由式(2.16)可知,当反射率为0.50时,其相对误差已经接近1.00%。

在强吸收区域,忽略$\rho^2 e^{-\frac{8\pi kL}{\lambda}}$前后透射比的相对误差满足函数关系式

$$\Delta = 0.25\rho^2 \tag{2.17}$$

由式(2.17)可知,在强吸收区域,忽略$\rho^2 e^{-\frac{8\pi kL}{\lambda}}$前后透射比的最大相对误差为0.25%。

2.1.4 反问题模型的敏感度分析

利用透射比反演玻璃的光学常数时,其计算参数主要为玻璃的透射比、玻璃厚度、波长、玻璃的吸收指数和折射率等。分析玻璃厚度、波长、玻璃的吸收指数和折射率对反问题的敏感程度,可以表明这些参数对反演计算的影响大小,从而为测量光学玻璃的透射光

谱提供相应的指导,为最终合理反演其光学常数提供支持。本节重点考查反射率和透射率对反演光学常数计算中透射比方程的敏感程度。

取透射比方程(2.10)对反射率 ρ 的偏导数,即对反射率的敏感度系数为

$$\frac{\partial T_1}{\partial \rho} = \frac{2\rho\tau^3 (1-\rho)^2 - 2\tau(1-\rho)}{(1-\rho^2\tau^2)^2} \tag{2.18}$$

取透射比方程(2.10)对透射率 τ 的偏导数,即对透射率的敏感度系数为

$$\frac{\partial T_1}{\partial \tau} = \frac{2\rho^2\tau^2 (1-\rho)^2 + (1-\rho)^2}{(1-\rho^2\tau^2)^2} \tag{2.19}$$

取表 2.1 中的计算参数,分析反射率和光谱透射率对透射比方程的敏感程度,反射率的敏感性和透射率的敏感性如图 2.3 与图 2.4 所示。

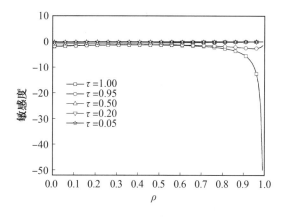

图 2.3　反射率的敏感性

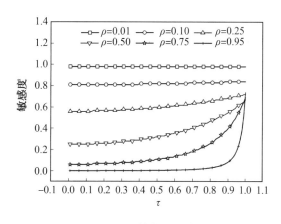

图 2.4　透射率的敏感性

如图 2.3 所示,透射比方程对反射率的敏感程度受光学玻璃的透射率影响较大。当光学玻璃的透射率低于 0.5 时,透射比方程对反射率的敏感度接近 −1.00。而在高吸收区域,透射比方程对反射率的敏感程度更大,如反射率为 0.99、透射率为 1 时,其敏感度为

－50.00,这一规律在3.1.4节中也有所体现。如图2.4所示,透射比方程对透射率的敏感程度较小,在计算反射率区域内,其最大的敏感度小于0.99。反射率越低,敏感程度变化越小。在高反射、高吸收区域,敏感程度随着透射率变化较剧烈。

2.1.5　反问题的适用范围分析

一定厚度玻璃的光谱透射比主要受其光学常数 n、k 的影响。其适用范围所用计算参数见表2.2,在 n、k 范围内合理取值将其作为"真实值",利用正问题模型计算当量厚度(当量厚度为光学玻璃厚度和波长之比)1、当量厚度2对应的透射比 T_1、T_2 作为"实验测量值",并利用反演模型计算 n、k,结合反演数据的相对误差分析 n、k 对反演计算的影响,其中相对误差计算式为

表2.2　方法1适用范围所用计算参数

吸收指数	折射率	当量厚度1	当量厚度2
10^{-7}	1 ~ 10	20 000	40 000
10^{-6}	1 ~ 10	2 000	4 000
10^{-5}	1 ~ 10	200	400
10^{-4}	1 ~ 10	20	40
10^{-3}	1 ~ 10	2	4
10^{-2}	1 ~ 10	0.2	0.4
10^{-1}	1 ~ 10	0.02	0.04
1	1 ~ 10	0.002	0.004

$$\Delta = \left| \frac{D_{cal} - D_{exp}}{D_{exp}} \right| \times 100\% \qquad (2.20)$$

式中　　Δ—— 相对误差;

D_{cal}、D_{exp}—— 计算值和"实验测量值"。

(1)吸收指数为1时,利用正问题模型计算透射比、反射率,正问题模型的计算数据如图2.5所示。通过反问题模型计算得到光学常数 n、k 和界面反射率,然后通过式(2.20)计算其相对误差,结果如图2.6所示。

由图2.5可知,两种厚度的透射比均在折射率1.62处存在峰值,过峰值后,透射比随着折射率增大而减小。反射率在透射比峰值处恰为最小值,且过峰值后其值随着折射率增大而增大。由图2.6可知,通过反演数据 n、k 计算的透射比与"实验测量值"相对误差的最大值为36%,说明 n、k 反演数据计算的透射比在某些区域能够反映出材料的原始光谱特性。n、k 的反演数据与实际值相差较大,k 的最大相对误差超过140%,n 的最大相对误差超过160%,导致反射率相对误差超过16%。在部分区域,如折射率为1.62 ~ 2.77时,反演数据误差均小于20%,从而说明方法1不适用于强吸收性介质,如吸收指数超过1的介质。

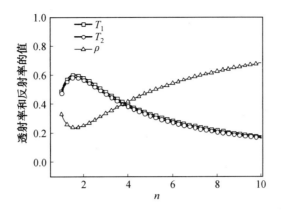

图 2.5 正问题模型的计算数据

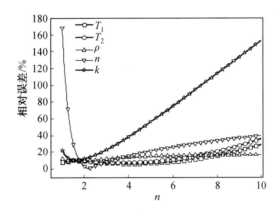

图 2.6 反演数据的相对误差

（2）吸收指数为 0.1 时,利用正问题模型计算透射比、反射率,正问题模型的计算数据如图 2.7 所示。通过反问题模型计算得到光学常数 n、k 和反射率,然后通过式（2.20）计算其相对误差,结果如图 2.8 所示。

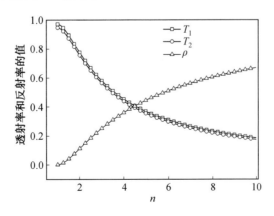

图 2.7 正问题模型的计算数据

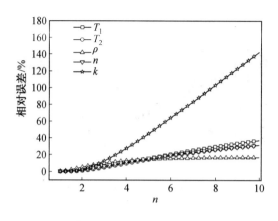

图 2.8　反演数据的相对误差

由图 2.7 可知,吸收指数为 0.1 时,两条透射比光谱曲线已没有峰值,但随折射率增大而减小,反射率随着折射率增大而增大。由图 2.8 可知,通过 n、k 反演数据计算的透射比与"实验测量值"的相对误差,随着折射率的增加而增加,折射率为 1.01 ~ 3.00 时,其反演值均小于 5%。吸收指数为 0.1 时,n、k 的反演数据与实际值的差距仍较大,k 的最大相对误差超过 140%,n 的最大相对误差超过 30%,反射率相对误差超过 16%。与吸收指数为 1 时的反演数据相比,n 反演数据的相对误差明显减小。在部分区域,如折射率为 1.01 ~ 2.82 时,反演数据误差均小于 10%,从而说明方法 1 在反演吸收指数为 0.1 时,也需要注意反演范围。

（3）吸收指数为 0.01 时,利用正问题模型计算透射比、反射率,正问题模型的计算数据如图 2.9 所示。通过反问题模型计算得到光学常数 n、k 和反射率,然后通过式（2.20）计算其相对误差,结果如图 2.10 所示。

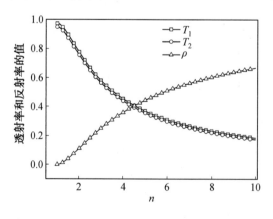

图 2.9　正问题模型的计算数据

由图 2.9 可知,吸收指数为 0.01 时,由于当量厚度为 0.2,而其反射率与吸收指数为 0.1 时的相差较小,致使两条透射比光谱曲线与吸收指数为 0.1 时的变化趋势一致。由图

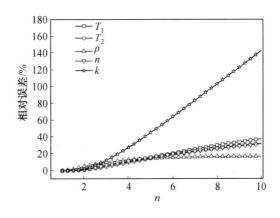

图 2.10　反演数据的相对误差

2.10 可知,通过 n、k 反演数据计算的透射比与"实验测量值"的相对误差,随着折射率的增加而增加,当折射率为 1.01 ~ 3.00 时,其反演值的相对误差与吸收指数为 0.1 时的变化趋势相近,均小于 5%。吸收指数为 0.01 时,n、k 的反演数据与实际值的差距较大,k 的最大相对误差超过 140%,n 的最大相对误差超过 30%,反射率相对误差超过 16%。与吸收指数为 0.1 时相比,n 反演数据的相对误差显然在下降。在部分区域,如折射率为 1.01 ~ 2.82 时,反演数据误差均小于 10%;在折射率为 1.01 ~ 1.75 时,光学常数反演数据误差均小于 1%,从而说明方法 1 在反演吸收指数为 0.01 时,也需要注意反演范围。

（4）吸收指数为 0.001 时,利用正问题模型计算透射比、反射率,正问题模型的计算数据如图 2.11 所示。通过反问题模型计算得到光学常数 n、k 和反射率,然后通过式（2.20）计算其相对误差,结果如图 2.12 所示。

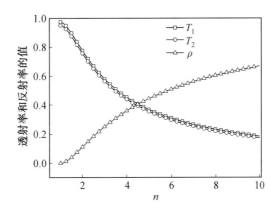

图 2.11　正问题模型的计算数据

由图 2.11 可知,吸收指数为 0.001 时,当量厚度为 2,其反射率与吸收指数为 0.01 时相差很小,导致其透射比光谱曲线与吸收指数为 0.01 时近似。由图 2.12 可知,n、k 反演数据计算的透射比与"实验测量值"的相对误差,随着折射率的增加而增加,折射率为

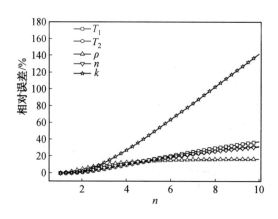

图 2.12　反演数据的相对误差

1.01 ~ 3.00 时,其反演值相对误差与吸收指数为 0.01 时相似,均小于 5%。吸收指数为 0.001 时,n、k 的反演数据与实际值相差也很大,k 的最大相对误差超过 140%,n 的最大相对误差超过 30%,反射率相对误差超过 16%。与吸收指数为 0.01 相比,n 的反演相对误差明显下降。在部分区域,如折射率为 1.01 ~ 2.82 时,所有反演数据误差均小于 10%;当折射率为 1.01 ~ 1.75 时,光学常数反演数据误差均小于 1%,这说明反演方法 1 在反演吸收指数为 0.001 时,也需要注意反演范围。

(5) 吸收指数为 10^{-4} 时,利用正问题模型计算透射比、反射率,正问题模型的计算数据如图 2.13 所示。通过反问题模型计算得到光学常数 n、k 和反射率,然后通过式(2.20)计算其相对误差,结果如图2.14 所示。

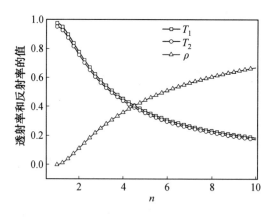

图 2.13　正问题模型的计算数据

由图 2.13 可以看到,当吸收指数为 10^{-4} 时,当量厚度为 20,其反射率与吸收指数为 0.001 时相差很小,其透射比光谱曲线与吸收指数为 0.001 时近似。由图 2.14 可知,通过 n、k 反演数据计算的透射比与"实验测量值"的相对误差,随着折射率的增加而增加,当折射率为 1.01 ~ 3.00 时,其反演值相对误差与吸收指数为 0.01 时相似,均小于 5%。当吸

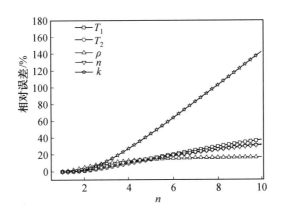

图 2.14　反演数据的相对误差

收指数为 10^{-4} 时，n、k 的反演数据与实际值也相差很大，k 的最大相对误差超过 140%，n 的最大相对误差超过 30%，反射率相对误差超过 16%。在部分区域，折射率为 1.01 ~ 2.82 时，所有反演数据误差均小于 10%；折射率为 1.01 ~ 1.75 时，n、k 的反演相对误差均小于 1%，从而说明方法 1 在反演吸收指数为 10^{-4} 时，也需要注意反演范围。

（6）吸收指数为 10^{-5} 时，利用正问题模型计算透射比、反射率，正问题模型的计算数据如图 2.15 所示。通过反问题模型计算得到光学常数 n、k 和反射率，然后通过式（2.20）计算其相对误差，结果如图 2.16 所示。

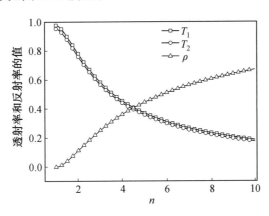

图 2.15　正问题模型的计算数据

由图 2.15 可知，当吸收指数为 10^{-5} 时，当量厚度为 200，其反射率与吸收指数为 10^{-4} 时相差很小，导致其透射比光谱曲线与吸收指数为 10^{-4} 时近似。由图 2.16 可知，通过 n、k 反演数据计算的透射比与"实验测量值"的相对误差，随着折射率的增加而增加，折射率为 1.01 ~ 3.00 时，其反演值相对误差与吸收指数为 0.01 时相似，均小于 5%。当吸收指数为 10^{-5} 时，n、k 的反演数据与实际值差距很大，k 的最大相对误差超过 140%，n 的最大相对误差超过 30%，反射率相对误差超过 16%。在部分区域，当折射率为 1.01 ~ 2.82

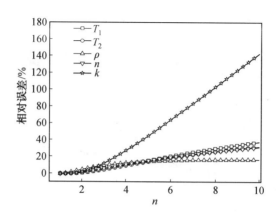

图 2.16　反演数据的相对误差

时,所有反演数据误差均小于10%;当折射率为 1.01 ~ 1.75 时,n、k 的反演相对误差均小于 1%,这说明方法 1 在反演吸收指数为 10^{-5} 时,也需要注意反演范围。

(7)吸收指数为 10^{-6} 时,利用正问题模型计算透射比、反射率,正问题模型的计算数据如图 2.17 所示。通过反问题模型计算得到光学常数 n、k 和反射率,然后通过式(2.20)计算其相对误差,结果如图 2.18 所示。

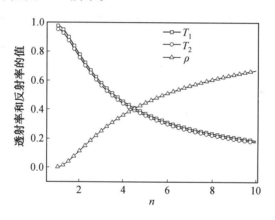

图 2.17　正问题模型的计算数据

由图 2.17 可知,当吸收指数为 10^{-6} 时,当量厚度为 2 000,其反射率与吸收指数为 10^{-5} 时相差很小,导致其透射比光谱曲线与吸收指数为 10^{-5} 时近似。由图 2.18 可知,通过 n、k 反演数据计算的透射比与"实验测量值"的相对误差,随着折射率的增加而增加,折射率为 1.01 ~ 3.00 时,其反演值相对误差与吸收指数为 10^{-5} 时相似,均小于 5%。当吸收指数为 10^{-6} 时,n、k 的反演数据与实际值相差很大,k 的最大相对误差超过 140%,n 的最大相对误差超过 30%,反射率相对误差超过 16%。在部分区域,当折射率为 1.01 ~2.82 时,所有反演数据误差均小于10%;当折射率为 1.01 ~ 1.75 时,n、k 的反演相对误差均小于 1%,这说明方法 1 在反演吸收指数为 10^{-6} 时,也需要注意反演范围。

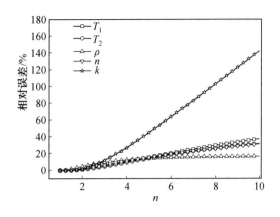

图 2.18　反演数据的相对误差

从上面的分析可总结出:反演方法 1,即基于透射比方程简化的双厚度法,在吸收指数小于 10^{-2}、折射率为 $1.01 \sim 1.75$ 时,n、k 的反演相对误差小于 1%;折射率为 $1.01 \sim 2.82$ 时,所有反演数据误差均小于 10%。在利用方法 1 进行反演时,需要注意其适用范围。

2.2　方法 2——基于透射比方程的双厚度法

2.2.1　反问题计算模型

从 2.1 节中的分析可知,忽略 $\rho^2 \mathrm{e}^{-\frac{8\pi kL}{\lambda}}$ 对玻璃的光学常数反演计算造成了不利的影响。考虑反演计算中 $\rho^2 \mathrm{e}^{-\frac{8\pi kL}{\lambda}}$ 的影响,可通过式(2.5)直接构造反演计算模型:

$$\rho = \frac{1 - \sqrt{T_1^{\,2} + T_1(\mathrm{e}^{4\pi kL_1/\lambda} - \mathrm{e}^{-4\pi kL_1/\lambda})}}{1 + T_1 \mathrm{e}^{-4\pi kL_1/\lambda}} \tag{2.21}$$

$$k = \frac{\lambda}{4\pi L_2} \ln \frac{1 + \sqrt{1 + 4c^2 \rho^2}}{2c} \tag{2.22a}$$

$$c = \frac{T_2}{(1 - \rho)^2} \tag{2.22b}$$

求解过程:① 假定 k 值;② 通过式(2.21)计算 ρ,通过式(2.22)计算新的 k 值;③ 分析假定 k 与计算 k 值的计算误差,若计算误差小于最小精度,则结束计算,否则计算 k 值替换假定 k 值,返回第 ② 步;④ k 收敛后,利用式(2.8)计算 n 值。

2.2.2　反问题模型的适用范围

采用表 2.2 中数据分析方法 2 的适用范围。

（1）当吸收指数为 1 时,利用正问题模型计算透射比、反射率,正问题模型的数据如图 2.5 所示。通过反问题模型计算得到光学常数 n、k 和反射率,然后通过式（2.20）计算其相对误差,结果如图 2.19 所示。

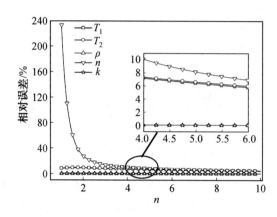

图 2.19　反演数据的相对误差

由图 2.19 可知,通过 n、k 反演数据计算的透射比与"实验测量值"的相对误差最大值为 9.34%。与方法 1 相比,方法 2 中 n、k 反演数据计算的透射比在其计算区域能够反映出材料的原始光谱特性。当吸收指数为 1 时,方法 2 反演计算的吸收指数 k 相对误差在整个计算区域均小于 10^{-7},说明在强吸收区域方法 2 能够较好地反演其吸收指数。当 n 大于 2.33 时,折射率反演数据的相对误差均小于 20%,且随着折射率的增大而减小。

（2）当吸收指数为 0.5,当量厚度 1 为 0.02 和当量厚度 2 为 0.04 时,利用正问题模型计算透射比、反射率,正问题模型的计算数据如图 2.20 所示。通过反问题模型计算得到光学常数 n、k 和反射率,然后通过式（2.20）计算其相对误差,结果如图 2.21 所示。

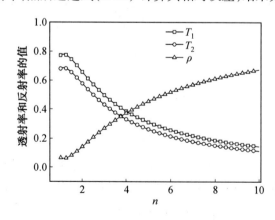

图 2.20　正问题模型的计算数据

由图 2.20 可知,当吸收指数为 0.5 时,两条透射比曲线均随折射率的增大而减小,而其反射率曲线的变化趋势与透射比曲线相反。由图 2.21 可知,通过 n、k 计算反演数据的

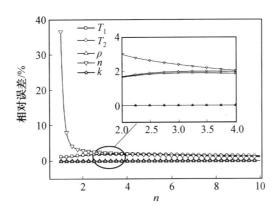

图2.21　反演数据的相对误差

透射比与"实验测量值"的相对误差中,最大值为1.98%,与吸收指数为1时相比其反演精度有所改善。在整个计算区域,吸收指数k反演计算的相对误差均小于10^{-7}。当n大于1.21,折射率的相对误差均小于10%,且随着n增大而减小。

（3）当吸收指数为0.25,当量厚度1为0.02和当量厚度2为0.04时,利用正问题模型计算透射比、反射率,正问题模型计算的数据如图2.22所示。通过反问题模型计算得到光学常数n、k和反射率,然后通过式(2.20)计算其相对误差,结果如图2.23所示。

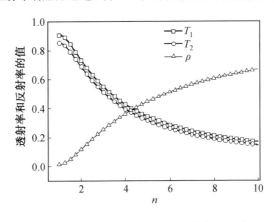

图2.22　正问题模型的计算数据

由图2.22可知,当吸收指数为0.25时,两条透射比曲线随折射率的增加而减小,反射率曲线的变化趋势与透射比曲线相反。由图2.23可知,通过n、k反演数据计算的透射比与"实验测量值"的相对误差中,最大值为0.46%,与吸收指数为0.5时相比有所减小。在整个计算区域,吸收指数k的反演计算相对误差均小于10^{-7}。在整个计算区域,折射率的相对误差均小于8%,且随着n的增大其相对误差减小。

（4）当吸收指数为0.1时,利用正问题模型计算透射比、反射率,正问题模型的计算数据如图2.7所示。通过反问题模型计算得到光学常数n、k和反射率,然后通过式

(2.20)计算其相对误差,结果如图 2.24 所示。

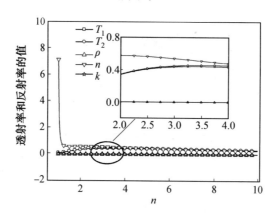

图 2.23   反演数据的相对误差

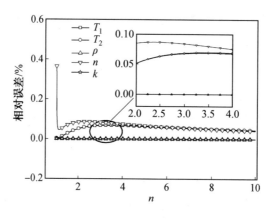

图 2.24   反演数据的相对误差

由图 2.24 可知,通过 n、k 反演数据计算的透射比与"实验测量值"的相对误差最大值为 0.069%。在整个计算区域,吸收指数 k 的相对误差均小于 10^{-7}。当 n 大于 1.03 时,折射率 n 的相对误差均小于 0.1%,且随着 n 的增大其相对误差减小。

(5)当吸收指数为 0.001 时,利用正问题模型计算透射比、反射率,正问题模型的计算数据如图 2.11 所示。通过反问题模型计算得到光学常数 n、k 和反射率,然后通过式 (2.20)计算其相对误差,结果如图 2.25 所示。

由图 2.25 可知,通过 n、k 反演数据计算的透射比与"实验测量值"的相对误差最大值为 0.02%。在整个计算区域,吸收指数 k 的反演计算相对误差均为 0。当 n 大于 1.03 时,折射率 n 的相对误差均小于 10^{-7},且随着 n 的增大其相对误差减小。

从上面分析可总结出,考虑透射比方程中 $\rho^2 e^{-\frac{8\pi kL}{\lambda}}$ 的影响后,方法 2 比方法 1 具有更广的适用范围。在吸收指数小于 0.1、折射率为 1.03 ~ 10 时,方法 2 反演 n、k 的相对误差可以小于 0.1%。

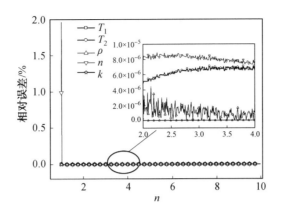

图 2.25 反演数据的相对误差

2.3 方法 3—— 一种新的双厚度法

2.3.1 双层玻璃透射特性的正问题计算模型

在实际测量中,经常会遇到厚度均一的玻璃样品。此时,方法 1 和方法 2 在确定反演玻璃样品的光学常数时,由于仅有单一厚度的透射光谱数据而无法反演。为解决此问题,将 2 块厚度均一的样品叠加在一起(两样品间留有一定的空气缝隙),然后通过测试样品叠加的透射光谱,就可以获取单块样品和 2 块叠加样品的 2 组数据 T_1 和 T_{1+2}。

单层厚度为 L 的双层玻璃的透射光线跟踪示意图如图 2.26 所示。

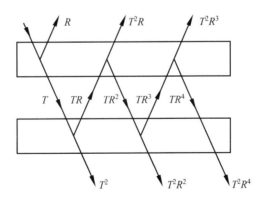

图 2.26 双层玻璃的透射光线跟踪示意图

双层玻璃的总反射比 R_{1+2} 和透射比 T_{1+2} 分别为

$$R_{1+2} = R + RT^2(1 + R^2 + R^4 + \cdots) \approx R + \frac{RT^2}{1 - R^2} \tag{2.23}$$

$$T_{1+2} = T^2(1 + R^2 + R^4 + \cdots) \approx \frac{T^2}{1 - R^2} \tag{2.24}$$

式中　R、T——单层样品的反射比和透射比。

2.3.2　反问题计算模型

为通过前面的 2 组数据反演其光学常数,需要由式(2.2)和式(2.24)构造反问题模型:

$$\rho = \frac{\sqrt{1 - T_1^2/T_{1+2}}}{1 + T_1 e^{-4\pi kL/\lambda}} \tag{2.25}$$

$$k = -\frac{\lambda}{4\pi L}\ln\frac{\sqrt{(1-\rho)^4 + 4T_1^2\rho^2} - (1-\rho)^2}{2T_1\rho^2} \tag{2.26}$$

反演计算过程:① 假定 k 值;② 通过式(2.25)计算 ρ,通过式(2.26)计算新的 k 值;③ 分析假定 k 与计算 k 值的计算误差,若计算误差小于最小精度,则结束计算,否则计算 k 值替换假定 k 值返回第 ② 步;④k 收敛后,利用式(2.8)计算 n 值。

2.3.3　反问题计算模型的适用范围

采用表 2.3 中数据,分析方法 3 的适用范围。

(1)当吸收指数为 1 时,利用正问题模型计算透射比、反射率,正问题模型的计算数据如图 2.27 所示。通过反问题模型计算得到光学常数 n、k 和反射率,然后通过式(2.20)计算其相对误差,计算结果如图 2.28 所示。

表2.3　方法 3 适用范围所用计算参数

吸收指数	折射率	当量厚度 1
1	1 ~ 10	0.002
0.5	1 ~ 10	0.02
0.25	1 ~ 10	0.02
0.1	1 ~ 10	0.02
0.01	1 ~ 10	0.2

由图 2.27 可知,双层样品和单层样品的透射比曲线变化趋势一致,且其透射比曲线在折射率 1.62 处存在峰值,过峰值后,透射比随着折射率的增大而减小。而由图 2.27 和图 2.5 中透射比曲线对比可以看出,在相同计算条件下,双层样品的透射比要比与厚度和两层样品总厚度一样的单层样品小很多。这主要因为样品间存在空气层,加强了空气层两侧玻璃的反射能力,造成了透射能力的下降。

由图 2.28 可知,通过 n、k 反演数据计算的透射比与"实验测量值"的相对误差中,最

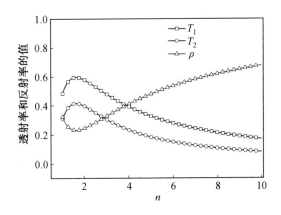

图 2.27　正问题模型的计算数据

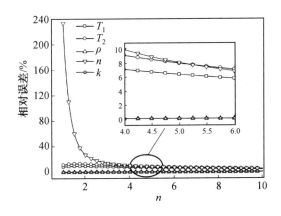

图 2.28　反演数据的相对误差

大值为 13%，比方法 1 有所改善，但与方法 2 相比，其相对误差有所增加。在整个计算区域，吸收指数 k 的相对误差均小于 10^{-8}。但是折射率反演误差较大，特别在低折射率区域，达到 234%，而折射率超过 4.02，反演计算的相对误差低于 10%，且随着折射率的增加而减小。

（2）当吸收指数为 0.5 时，利用正问题模型计算透射比、反射率，正问题模型的计算数据如图 2.29 所示。通过反问题模型计算得到光学常数 n、k 和反射率，然后通过式 (2.20) 计算其相对误差，结果如图 2.30 所示。

由图 2.29 可见，当吸收指数为 0.5 时，双层样品和单层样品的透射比曲线的变化趋势已经发生了改变，但其透射比均随着折射率的增大而减小。

由图 2.30 可知，通过 n、k 反演数据计算的透射比与"实验测量值"的相对误差最大值为 2.88%。在整个计算区域，吸收指数 k 的相对误差小于 10^{-8}。折射率反演误差较大，特别在低折射率区域，达到 36%。当折射率超过 1.21 时，反演计算相对误差低于 10%，且随着折射率的增加而减小。

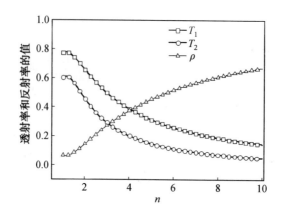

图 2.29　正问题模型的计算数据

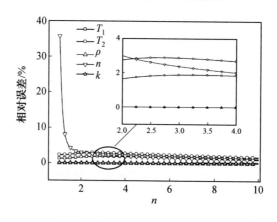

图 2.30　反演数据的相对误差

（3）当吸收指数为 0.25 时,利用正问题模型计算透射比、反射率,正问题模型的计算数据如图 2.31 所示。通过反问题模型计算得到光学常数 n、k 和反射率,然后通过式（2.20）计算其相对误差,结果如图 2.32 所示。

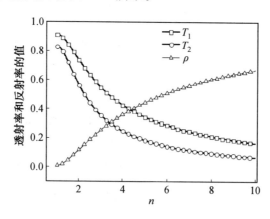

图 2.31　正问题模型的计算数据

由图 2.31 可知,当吸收指数为 0.5 时,双层样品和单层样品的透射比曲线均随折射率增加而减小,而其反射率曲线的变化趋势与透射比曲线相反。

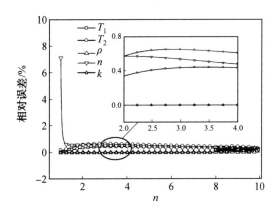

图 2.32　反演数据的相对误差

由图 2.32 可知,通过 n、k 反演数据计算的透射比与"实验测量值"的相对误差最大值为 0.65%。在整个计算区域,吸收指数 k 的相对误差均小于 10^{-8}。折射率反演误差最大值为 7.1%,且随着折射率的增加而减小。

（4）当吸收指数为 0.1 时,利用正问题模型计算透射比、反射率,正问题模型的计算数据如图 2.33 所示。通过反问题模型计算得到光学常数 n、k 和反射率,然后通过式（2.20）计算其相对误差,结果如图 2.34 所示。

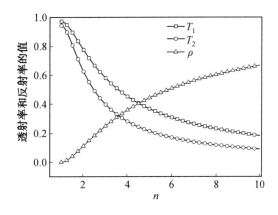

图 2.33　正问题模型的计算数据

由图 2.34 可知,当吸收指数为 0.1 时,双层样品和单层样品的透射比曲线的变化趋势已经截然不同,但透射比均随着折射率的增大而减小。

由图 2.34 可知,通过 n、k 反演数据计算的透射比与"实验测量值"的相对误差最大值为 0.1%。在整个计算区域,吸收指数 k 的相对误差小于 10^{-7}。折射率反演计算相对误差低于 0.4%,且随着折射率的增加而减小。

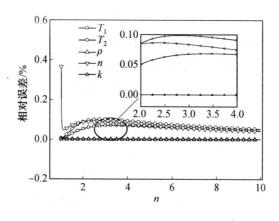

图 2.34　反演数据的相对误差

（5）当吸收指数为 10^{-3} 时，利用正问题模型计算透射比、反射率，正问题模型的计算数据如图 2.35 所示。通过反问题模型计算得到光学常数 n、k 和反射率，然后通过式（2.20）计算其相对误差，结果如图 2.36 所示。

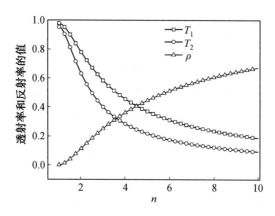

图 2.35　正问题模型的计算数据

由图 2.35 可知，当吸收指数为 10^{-3} 时，双层样品和单层样品的透射比曲线变化趋势也是截然不同的，但透射比均随着折射率的增大而减小。

由图 2.36 可知，通过 n、k 反演数据计算的透射比与"实验测量值"的相对误差中，最大值为 10^{-7}。吸收指数 k 的相对误差在折射率 1.01 时为 0.001%，其余均为 0。折射率的相对误差均低于 0.002%，且随着折射率的增加而减小。

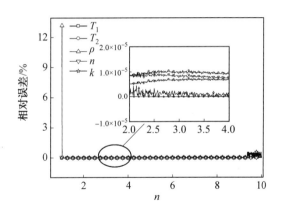

图 2.36　反演数据的相对误差

2.4　玻璃光谱透射比范围的影响

厚度相同的光学玻璃,在强吸收区域其透射比小,而在弱吸收区域其透射比大。针对不同吸收区域的光学玻璃,在利用其透射光谱数据反演其光学常数时,应该选择合适的样品厚度,以确保透射光谱的实验数据满足反演要求。为此,下面分析不同透射比取值范围对反演方法的影响。为了避免反演方法对 n、k 适用范围依赖所造成的影响,n、k 计算数据采用 3 种反演方法均适合的区域,本节计算中折射率为 $1.25 \sim 1.75$、吸收指数为 10^{-6}。

2.4.1　玻璃高透射区域

方法 1 和方法 2 分析用计算参数见表 2.4。在 n、k 范围内合理取值将其作为“真实值”,利用正问题模型计算当量厚度 1、当量厚度 2 对应的透射比 T_1、T_2 作为“实验测量值”,结果如图 2.37 所示,并利用方法 1 和方法 2 反演模型计算 n、k,结合反演误差分析 n、k 对反演光学常数的影响。

表 2.4　方法 1 和方法 2 分析用计算参数

T_1 与 T_2 的相对误差	吸收指数	折射率	当量厚度 1	当量厚度 2
0.1%	10^{-6}	$1.25 \sim 1.74$	2 000	2 080
1%	10^{-6}	$1.25 \sim 1.74$	2 000	2 800
5%	10^{-6}	$1.25 \sim 1.74$	2 000	6 085
10%	10^{-6}	$1.25 \sim 1.74$	2 000	10 400

方法 1 反演数据的相对误差如图 2.38 所示,在高透射比区域(透射比超过 80%),透射比取值对方法 1 反演吸收指数的影响较小。当两种当量厚度的透射比相对误差为 0.1% 和 1% 时,其部分反演误差达到 1%;当两种当量厚度的透射比相对误差超过 5%

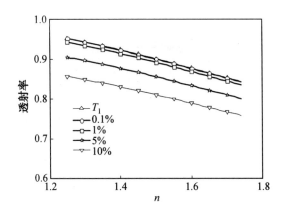

图 2.37 正问题模型的计算数据

后,透射比取值对方法 1 反演吸收指数影响则更小。同时可以看出,在高透射比区域,透射比相对误差为 0.1% 和 10% 时,其折射率反演误差仅为 0.47%,可见透射比取值对方法 1 反演折射率影响也很小。但在一定程度上,方法 1 受透射比取值的影响,即使在高透射比区域,获取反演实验数据时,两种当量厚度的透射比相对误差不宜低于 0.1%。

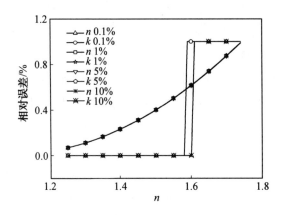

图 2.38 方法 1 反演数据的相对误差

方法 2 反演数据的相对误差如图 2.39 所示,由图可知,透射比取值对方法 2 反演计算的影响很小。同时与方法 1 比较可以看出,在高透射比区域,方法 2 比方法 1 具有更强的适用性。

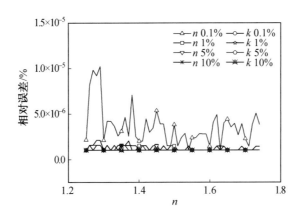

图 2.39　方法 2 反演数据的相对误差

2.4.2　玻璃低透射比区域

方法 1 和方法 2 分析用计算参数见表 2.5,在 n、k 范围内合理取值将其作为"真实值",利用正问题模型计算当量厚度 1、当量厚度 2 对应的透射比 T_1、T_2 作为"实验测量值",结果如图 2.40 所示,并利用方法 1 和方法 2 反演模型计算 n、k,结合反演误差分析 n、k 对反演光学常数的影响。

表 2.5　方法 1 和方法 2 分析用计算参数

T_1 与 T_2 的相对误差	吸收指数	折射率	当量厚度 1	当量厚度 2
0.1%	10^{-6}	1.25 ~ 1.74	175 000	175 080
1%	10^{-6}	1.25 ~ 1.74	175 000	175 800
5%	10^{-6}	1.25 ~ 1.74	175 000	179 100
10%	10^{-6}	1.25 ~ 1.74	175 000	183 390

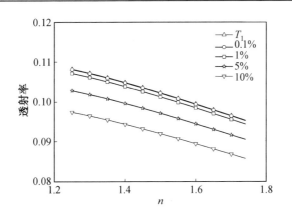

图 2.40　正问题模型的计算数据

方法 1 反演数据的相对误差如图 2.41 所示,由图可知随着两种透射比相对误差的增大,反演精度有所改善。同时,在低透射比区域(透射比约为 10%),透射比取值对方法 1 反演吸收指数的影响很小,其反演计算的相对误差几乎为 0。在低透射比区域,透射比相对误差为 0.1% 和 10% 时,其两者折射率的反演误差仅为 0.038%,进而说明透射比取值对反演折射率的影响也很小,这说明方法 1 在低透射比区域受透射比取值影响也较小。

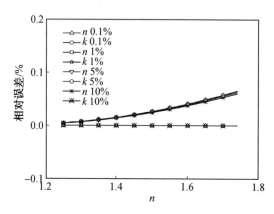

图 2.41　方法 1 反演数据的相对误差

方法 2 反演数据的相对误差如图 2.42 所示。由图可知,在低透射比区域,当两种透射比相对误差为 0.1% 时,方法 2 反演折射率误差达到 29%;当两种透射比相对误差超过 1% 后,透射比取值对反演折射率影响则很小;同时,在低透射比区域,方法 2 反演吸收指数受两种透射比相对误差影响非常小。由此说明,在低透射比区域,为保证方法 2 反演计算的有效性,两种透射比的相对误差不应低于 1%。

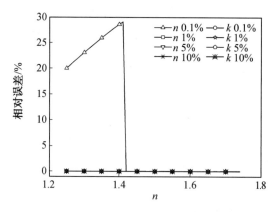

图 2.42　方法 2 反演数据的相对误差

2.4.3　玻璃弱透射比区域

方法 1 和方法 2 分析用计算参数见表 2.6,在 n、k 范围内合理取值将其作为"真实值",利用正问题模型计算当量厚度 1、当量厚度 2 对应的透射比 T_1、T_2 作为"实验测量值",结果如图 2.43 所示,并利用方法 1 和方法 2 反演模型计算 n、k,结合反演误差分析 n、k 对反演光学常数的影响。

表 2.6　方法 1 和方法 2 分析用计算参数

T_1 与 T_2 的相对误差	吸收指数	折射率	当量厚度 1	当量厚度 2
0.1%	10^{-6}	1.25 ~ 1.74	360 000	360 080
1%	10^{-6}	1.25 ~ 1.74	360 000	360 800
5%	10^{-6}	1.25 ~ 1.74	360 000	364 090
10%	10^{-6}	1.25 ~ 1.74	360 000	368 400
98%	10^{-6}	1.25 ~ 1.74	360 000	675 000

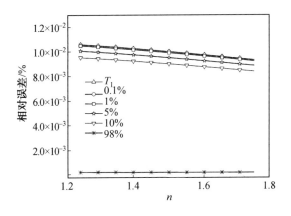

图 2.43　正问题模型的计算数据

方法 1 反演的 k 相对误差如图 2.44 所示。由图可知,在弱透射比区域(透射比约为 1%),随着两种透射比相对误差的增大,方法 1 的反演精度增加。方法 1 反演的 n 相对误差如图 2.45 所示。透射比取值对反演吸收指数影响很小。当透射比相对误差为 0.1% 时,反演折射率最大相对误差为 1.49%,而且其反演误差随着透射比相对误差的增大而减小。

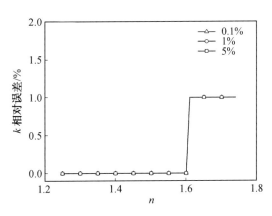

图 2.44　方法 1 反演的 k 相对误差

2.5　实验测量值偏差对其反演方法的影响

在上述反演方法适用范围的分析中,所用的"实验值"是精确的,而由于仪器精度、环境、操作等影响,实验数据往往存在一定偏差,分析由此带来的不利影响是保证反演方法适用性的关键所在。在 3 种反演方法中,偏差主要来自于透射光谱和样品厚度的测量过程。

2.5.1　玻璃光谱透射比测量偏差的影响

透射比实验偏差的影响见表 2.7。在 n、k 范围内合理取值将其作为"真实值",利用正问题模型计算当量厚度 1、当量厚度 2 对应的透射比 T_1、T_2、T_{1+2},然后添加一定的偏差("真实值"和"实验测量值"的相对误差)后作为"实验测量值",结果如图 2.43 所示,并利用方法 1、方法 2 和方法 3 的反演模型计算光学常数 n、k,同时结合反演数据的相对误差分析 n、k 对反演光学常数的影响,计算结果如图 2.44 ~ 2.49 所示。

表 2.7　透射比实验偏差的影响

偏差	吸收指数	折射率	当量厚度 1	当量厚度 2
0.1%	10^{-6}	1.25 ~ 1.74	2 000	10 400
1%	10^{-6}	1.25 ~ 1.74	2 000	10 400
5%	10^{-6}	1.25 ~ 1.74	2 000	10 400

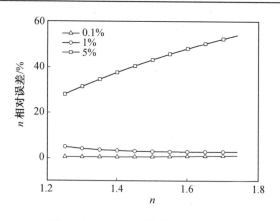

图 2.45　方法 1 反演的 n 相对误差

由图 2.44 可知,方法 1 反演吸收指数受实验偏差影响较小,透射比的偏差为 5% 时,吸收指数的最大反演相对误差小于 1%。这是由于吸收指数的反演与其两种透射比的比值有关,而透射比具有相同的实验偏差,在计算中则可以去掉偏差的影响。由图 2.45 可知,方法 1 反演折射率受实验偏差的影响较大,当透射比偏差小于 1% 时,其折射率反演误

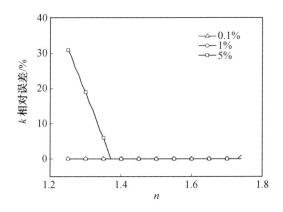

图 2.46　方法 2 反演的 k 相对误差

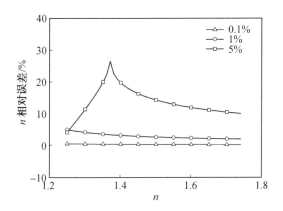

图 2.47　方法 2 反演的 n 相对误差

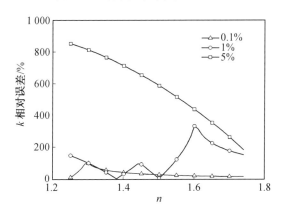

图 2.48　方法 3 反演的 k 相对误差

差小于 5%；当透射比偏差为 5% 时，折射率的最大反演相对误差超过 40%。由图 2.46 可知，低透射比偏差小于 1% 时，方法 2 反演吸收指数时受实验偏差影响很小；当透射比偏差为 5% 时，吸收指数的最大反演相对误差超过 30%。由图 2.47 可知，方法 2 反演折射率时，受实验数据偏差影响较大，当透射比偏差小于 1% 时，其折射率反演误差小于 5%；当

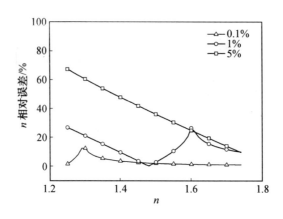

图 2.49　方法 3 反演的 n 相对误差

透射比偏差为 5% 时,折射率的最大反演误差超过 20%。由图 2.48 和图 2.49 可知,由于方法 3 中所用两种透射比的相对误差为 4%,导致方法 3 受透射比偏差的影响更大。当透射比实验偏差为 0.1% 时,吸收指数反演相对误差的最大值为 97%,折射率反演相对误差的最大值为 12%。

　　考虑到前面分析中,方法 3 在两种透射比相对误差较大时,具有良好的反演能力,为此采用表 2.8 中 n、k 范围内合理取值将其作为"真实值",利用正问题模型计算当量厚度为 175 000 对应的透射比 T_1、T_{1+2}(此时透射比的相对误差为 89%),再添加 0.1%、1% 的偏差后作为"实验测量值",并利用方法 3 反演模型计算 n、k,结合反演误差分析 n、k 对反演光学常数的影响,计算结果如图 2.50 和图 2.51 所示。

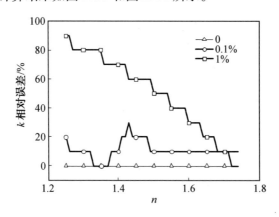

图 2.50　方法 3 反演的 k 相对误差

　　由图 2.50 可知,当两种透射比相对误差增大后,方法 3 反演吸收指数时的精度明显提高,但是相对方法 1 和方法 2 而言,其反演误差还是偏大。由图 2.51 可知,当两种透射比相对误差增大后,方法 3 反演折射率时受实验数据偏差的影响较大,当透射比偏差小于 0.1% 时,其折射率反演误差小于 25%;当透射比偏差为 5% 时,折射率的最大反演误差超过 40%。

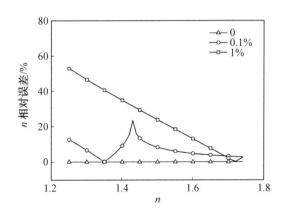

图 2.51　方法 3 反演的 n 相对误差

由图 2.52 和图 2.53 可知,在弱透射比区域,透射比相对误差对折射率反演影响很大,其反演最大误差达到 42%,而反演吸收指数的误差则很小。由此可以看出,方法 2 在弱透射区域适用性很差,即使通过增加两种透射比相对误差,也不能弥补弱透射比带来的不利影响。因此在实验中,方法 2 不适合弱透射比区域的反演计算,但可以合理结合使用方法 1 来保证一定的反演精度。

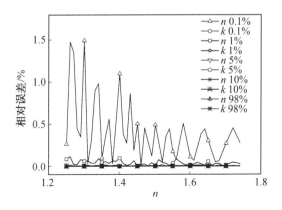

图 2.52　方法 1 反演数据的相对误差

通过在高透射比、低透射比和弱透射比中取值比较可以发现,方法 1 对透射比取值范围要求较低,而方法 2 要求较高,方法 2 反演精度随着透射比的降低而减小。由此,进一步说明了通过合理选择样品厚度来确保高透射比数据是保证反演方法计算精度的关键。

为分析方法 3 受透射比取值的影响,如表 2.8 所示在 n、k 范围内合理取值将其作为"真实值",利用正问题模型计算当量厚度对应的单层样品和双层叠加样品透射比 T_1、T_{1+2} 作为"实验测量值",并利用方法 3 反演模型计算 n、k,结合反演误差分析 n、k 对反演光学常数的影响,结果如图 2.54 所示。

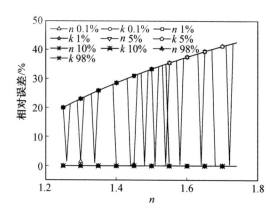

图 2.53   方法 2 反演数据的相对误差

表 2.8   方法 3 分析用计算参数

类型	T_1 与 T_{1+2} 的相对误差	吸收指数	折射率	当量厚度 1
高透射比区	4% ~ 14%	10^{-6}	1.25 ~ 1.74	2 000
低透射比区	89%	10^{-6}	1.25 ~ 1.74	175 000
弱透射比区	98%	10^{-6}	1.25 ~ 1.74	360 000

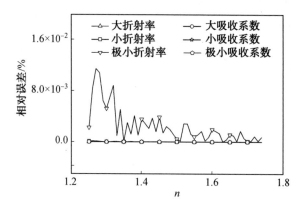

图 2.54   方法 3 反演数据的相对误差

由图 2.54 可知,只要保证适当的样品厚度,方法 3 在高透射比、低透射比和弱透射比区域都具有非常强的反演能力。

2.5.2　玻璃厚度测量偏差的影响

厚度实验偏差的影响见表 2.9。在 n、k 范围内合理取值将其作为"真实值",利用正问题模型计算当量厚度 1、当量厚度 2 对应的透射比 T_1、T_2、T_{1+2},然后将厚度添加偏差(真实厚度和计算厚度的相对误差)后作为计算厚度,并利用方法 1、方法 2 和方法 3 反演模型计算 n、k,结合反演误差分析 n、k 对反演光学常数的影响,计算结果如图 2.55 ~ 2.60 所示。

表 2.9　厚度实验偏差的影响

厚度偏差	吸收指数	折射率	当量厚度 1	当量厚度 2
0.1%	10^{-6}	1.25 ~ 1.74	2 000	10 400
1%	10^{-6}	1.25 ~ 1.74	2 000	10 400
10%	10^{-6}	1.25 ~ 1.74	2 000	10 400

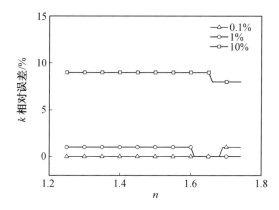

图 2.55　方法 1 反演的 k 相对误差

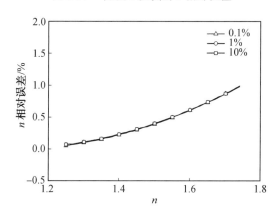

图 2.56　方法 1 反演的 n 相对误差

　　由图 2.55 可知,样品厚度偏差为 1% 时,方法 1 反演吸收指数的最大相对误差为 1%,样品厚度偏差为 10% 时最大相对误差为 9%,可见样品厚度偏差对方法 1 反演吸收指数的影响较小。通过图 2.56 可知,样品厚度偏差为 10% 以内时,其对方法 1 反演折射率的相对误差的影响很小,最大相对误差为 0.99%。由图 2.57 和图 2.59 可知,样品厚度偏差方法 2 和方法 3 反演吸收指数的影响与方法 1 基本一致。由图 2.58 和图 2.60 可知,样品厚度偏差方法 2 和方法 3 反演折射率的影响很小,方法 2 的最大相对误差小于 0.02%,而方法 3 的最大相对误差小于 10^{-7}。

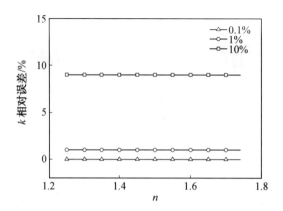

图 2.57　方法 2 反演的 k 相对误差

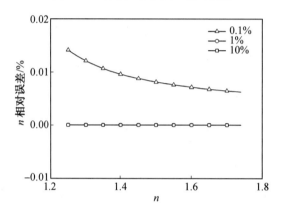

图 2.58　方法 2 反演的 n 相对误差

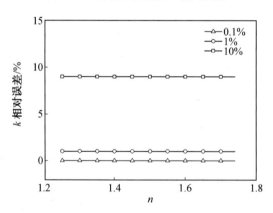

图 2.59　方法 3 反演的 k 相对误差

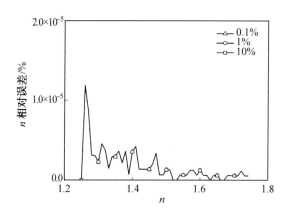

图 2.60　方法 3 反演的 n 相对误差

2.6　本章小结

　　本章分析了单层和双层玻璃的辐射特性,在此基础上引入和提出了 3 种基于光学玻璃样品透射光谱反演其光学常数的方法,建立了相关的反问题模型,编制了计算程序,分析了 3 种方法的理论适用范围,并分析了光学透射比和厚度实验偏差对反演计算的影响。主要结论如下:

　　(1) 本书给出的玻璃热辐射物性反演方法 1,理论上,当吸收指数小于 10^{-2}、折射率在 1.01 ~1.75 区间时,n、k 的反演相对误差小于 1%;当折射率在 1.01 ~ 2.82 区间时,反演数据误差小于 10%。

　　(2) 本书给出的玻璃热辐射物性反演方法 2,由于考虑透射比方程中 $\rho^2 e^{-\frac{8\pi kL}{\lambda}}$ 的影响后,方法 2 比方法 1 具有更广的适用范围。理论上,当吸收指数小于 0.1、折射率在 1.03 ~ 10 区间时,方法 2 反演 n、k 的相对误差可以小于 0.1%。

　　(3) 本书给出的玻璃热辐射物性反演方法 3,可以有效地通过单一厚度光学玻璃的透射光谱进行其热辐射物性的反演。当吸收指数小于 0.1 时,方法 3 反演吸收指数 k 的相对误差小于 10^{-7},折射率反演计算相对误差低于 0.4%,且随着折射率的增加而减小。

　　(4) 考虑透射比取值影响时,方法 1 和方法 3 对取值范围敏感性较弱,方法 2 则比较敏感。在高透射比区域,方法 2 比方法 1 反演精度高,在低透射比区域两者相当,但在弱透射比区域,方法 1 比方法 2 更具有适用性。方法 2 不适合在弱透射比区域使用。方法 3 在高透射比、低透射比和弱透射比区域反演精度均较高。

（5）3 种反演方法均易受透射光谱实验偏差的影响,其中方法 3 对其敏感性最强。当透射比实验偏差超过 1% 时,方法 1 和方法 2 的反演精度受限;而当透射比实验偏差超过 0.1% 时,方法 3 反演精度则难以保证。3 种反演方法受厚度偏差的影响均较小,当厚度偏差为 10% 时,3 种方法的反演精度仍能保证在 10% 以内。

第3章 液态相变材料光学物性反演方法

光学腔结构为玻璃－相变材料－玻璃的3层平板结构。在液态相变材料透射光谱测量中,由于相变材料封装在光学腔内,通过实验仅能获取光学腔的透射光谱。而液态相变材料热辐射物性未知,无法直接提取液态相变材料的透射光谱。为了反演液态相变材料的热辐射物性,本章在分析填充液态相变材料光学腔辐射特性的基础上,建立了求解其透射比的正问题模型,通过3种基于填充液态相变材料光学腔透射光谱反演其热辐射物性(光学常数)的方法,建立了相应的反问题模型,编制了计算程序,分析了适用范围,并进行了算例分析。

3.1 填充液体光学腔光谱透射比计算公式推导

如图3.1所示,光学腔的3层平板结构为光学玻璃－液态相变材料－光学玻璃,主要由光学玻璃 I、液态相变材料 II 和光学玻璃 III 组成。光学玻璃 I 和光学玻璃 III 为同一类材料,厚度均为 L_{I},光学玻璃材料的光谱折射指数和光谱吸收指数分别为 n_1 和 k_1。液态相变材料厚度为 L_{II},其光谱折射指数和光谱吸收指数分别为 n_2 和 k_2。假设 n_1、n_2、k_1 和 k_2 均与温度无关,且透射光线在平板各表面处的反射和折射均遵循 Fresnel 定律和 Snell 定律,且不考虑来自2、3两个界面上的透射光线之间的干涉效应。

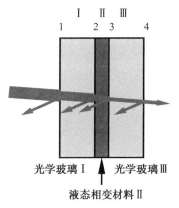

图 3.1 光学腔物理模型示意图

当透射光线沿法线方向进入光学腔时,透射光线满足非偏振和漫射条件,且介质各向同性,则平板 Ⅰ、Ⅱ 和 Ⅲ 的反射比 $R_Ⅰ$、$R_Ⅱ$、$R_Ⅲ$ 分别为

$$R_Ⅰ = \rho_1 + \frac{(1-\rho_1)^2 \rho_2 \tau_1^2}{1-\rho_1\rho_2\tau_1^2} \tag{3.1}$$

$$R_Ⅱ = \rho_2 + \frac{(1-\rho_2)^2 \rho_3 \tau_2^2}{1-\rho_2\rho_3\tau_2^2} \tag{3.2}$$

$$R_Ⅲ = \rho_3 + \frac{(1-\rho_3)^2 \rho_4 \tau_3^2}{1-\rho_3\rho_4\tau_3^2} \tag{3.3}$$

平板 Ⅰ、Ⅱ 和 Ⅲ 的透射比 $T_Ⅰ$、$T_Ⅱ$、$T_Ⅲ$ 分别为

$$T_Ⅰ = \frac{(1-\rho_1)(1-\rho_2)\tau_1}{1-\rho_1\rho_2\tau_1^2} \tag{3.4}$$

$$T_Ⅱ = \frac{(1-\rho_2)(1-\rho_3)\tau_2}{1-\rho_2\rho_3\tau_2^2} \tag{3.5}$$

$$T_Ⅲ = \frac{(1-\rho_3)(1-\rho_4)\tau_3}{1-\rho_3\rho_4\tau_3^2} \tag{3.6}$$

其中,界面反射率 ρ_1、ρ_2、ρ_3 和 ρ_4 满足

$$\rho_1 = \rho_4 = \frac{(n_1-1)^2 + k_1^2}{(n_1+1)^2 + k_1^2} \tag{3.7}$$

$$\rho_2 = \rho_3 = \frac{(n_2-n_1)^2 + (k_2-k_1)^2}{(n_2+n_1)^2 + (k_2+k_1)^2} \tag{3.8}$$

光学玻璃内部透射率 τ_1 和液态材料内部透射率 τ_2 满足 Beer 定律,即

$$\tau_1 = e^{-4\pi k_1 L_Ⅰ/\lambda} \tag{3.9}$$

$$\tau_2 = e^{-4\pi k_2 L_Ⅱ/\lambda} \tag{3.10}$$

光学腔的透射比 $T_{Ⅰ+Ⅱ+Ⅲ}$ 为

$$T_{Ⅰ+Ⅱ+Ⅲ} = \frac{T_Ⅰ T_Ⅱ T_Ⅲ}{1-R_Ⅰ-R_Ⅰ R_Ⅱ+R_Ⅰ R_Ⅱ R_Ⅲ+R_Ⅱ R_Ⅲ T_Ⅰ^2} \tag{3.11}$$

由于光学玻璃 Ⅰ 和光学玻璃 Ⅲ 为同一类材料,且厚度和热辐射物性相同,则光学腔的透射比(式(3.11))变为

$$T_{Ⅰ+Ⅱ+Ⅲ} = \frac{T_Ⅰ^2 T_Ⅱ}{1-R_Ⅰ-R_Ⅰ R_Ⅱ+R_Ⅰ^3+R_Ⅱ R_Ⅰ T_Ⅰ^2} \tag{3.12}$$

3.2　反演液态相变材料光学常数的简化双透射法

3.2.1　正问题计算模型

在透射光谱测量中,液态相变材料封装在光学腔内,通过实验可以获取光学玻璃 – 液态相变材料 – 光学玻璃3层平板结构光学腔的透射光谱。由于液态相变材料热辐射物性未知,在实验中难以用理论模型直接求解液态相变材料的透射特性。为此,考虑光学玻璃和液态相变材料平板内存在的多次反射,采用2.1节和2.3节中的方法处理这些反射,而光学玻璃和液态材料平板间仅考虑单次反射的简化模型,则光学腔的3层平板透射模型可简化为

$$T_{I+II+III} = T_I T_{II} T_{III} \tag{3.13}$$

光学腔透射光谱的测量数据主要是:光学腔内分别为空气和液态相变材料的两类透射光谱数据。Tien 等人认为封装液态相变材料前后反射率变化造成的损失较小,将光学腔内填充介质为液态相变材料与空气的透射光谱之比看作是液态相变材料的透射光谱,则可以利用封装液态相变材料前后光学腔的透射光谱实验数据,获取液态相变材料的当量透射特性,其计算式为

$$T_{II} = \frac{T_{I+II+III}}{T'_{I+II+III}} \tag{3.14}$$

式中　　$T'_{I+II+III}$、$T_{I+II+III}$——封装液态相变材料前后光学腔的透射光谱实验数据。

当光学腔中介质热辐射物性和尺寸参数已知时,$T'_{I+II+III}$ 和 $T_{I+II+III}$ 的计算值可由式(3.12)求得。

3.2.2　正问题计算模型简化的影响

分析玻璃的光学常数对封装液态相变材料前后光学腔反射率变化造成的影响,常用的光学玻璃折射率为 1.41(氟化钙,CaF_2)、1.54(溴化钾,KBr)、1.7(蓝宝石,Sapphire)和2.44(硒化锌,ZnSe)。根据国内外文献的调研情况,多数液态相变材料的吸收指数在 $10^{-5} \sim 0.1$,折射率在 $1.1 \sim 2$。不同吸收区域所用计算参数见表3.1,在液态相变材料的折射率和吸收指数范围内合理取值,利用式(3.5)和式(3.14)计算其对应的透射比,并分析两者的相对误差,计算结果如图3.2所示。

表 3.1 不同吸收区域所用计算参数

区域分类	相变材料吸收指数	相变材料折射率	相变材料的当量厚度
弱吸收	10^{-5}	1.1 ~ 2	3 000
中吸收	10^{-3}	1.1 ~ 2	100
强吸收	10^{-1}	1.1 ~ 2	1

如图 3.2 所示,光学玻璃的折射率对简化正问题模型带来的误差影响较大。光学玻璃的折射率越大,正问题模型计算的相对误差越高。同时由图可知,当液态相变材料的折射率小于光学玻璃时,其正问题模型的计算相对误差随着液体折射率的增大而增大;当液态相变材料的折射率与光学玻璃相等时,其正问题模型的计算相对误差达到最大;当液态相变材料的折射率大于光学玻璃时,其正问题模型的计算相对误差随着液态石蜡材料折射率的增大而减小。

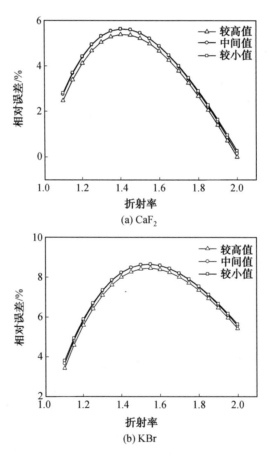

图 3.2 不同光学玻璃对正问题计算模型简化的影响

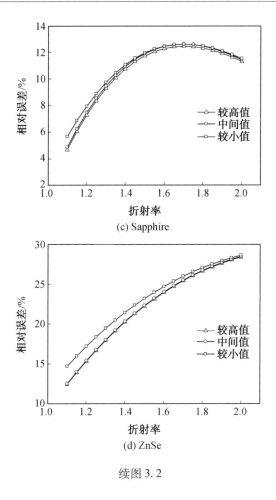

(c) Sapphire

(d) ZnSe

续图 3.2

3.2.3　反问题计算模型

实验测量液态相变材料厚度为 L_1 和 L_2 的光学腔对应的两组法向透射比实验值 T_{m1}、T_{m2}，以及填充液态相变材料前光学腔的法向透射比 T_{m0}，由式(3.14)可以获取厚度为 L_1 和 L_2 液态相变材料的当量透射比为

$$T_{1,m1} = \frac{T_{m1}}{T_{m0}} \approx \frac{(1-\rho_1)^2 e^{-\frac{4\pi k_2 L_1}{\lambda}}}{1-\rho_1^2 e^{-\frac{8\pi k_2 L_1}{\lambda}}} \tag{3.15a}$$

$$T_{1,m2} = \frac{T_{m2}}{T_{m0}} \approx \frac{(1-\rho_1)^2 e^{-\frac{4\pi k_2 L_2}{\lambda}}}{1-\rho_1^2 e^{-\frac{8\pi k_2 L_2}{\lambda}}} \tag{3.15b}$$

式中　$T_{1,m1}$、$T_{1,m2}$ —— 厚度为 L_1 和 L_2 的液态相变材料的当量透射比；

　　　　ρ_1 —— 液态相变材料与玻璃接触表面的反射率。

1. 反演方法1——超级简化双厚度法（Simplified Omitted Double Thickness Method，SODTM）

借鉴前面章节中的反演方法，忽略 $\rho_1^2 e^{-\frac{8\pi k_2 L_1}{\lambda}}$、$\rho_1^2 e^{-\frac{8\pi k_2 L_2}{\lambda}}$ 的影响，由式（3.15a）和式（3.15b）可得到求解液态相变材料吸收指数和反射率的关系式为

$$k = -\frac{\lambda \ln(T_{1,m1}/T_{1,m2})}{4\pi(L_1 - L_2)} \tag{3.16}$$

$$\rho = 1 - \frac{(T_{1,m1} e^{\frac{4\pi k_2 L_1}{\lambda}})^{0.5} + (T_{1,m2} e^{\frac{4\pi k_2 L_2}{\lambda}})^{0.5}}{2} \tag{3.17}$$

由式（3.8）求得液态相变材料的折射率 n_2，求解关系式为（当光学玻璃的折射率小于液态相变材料时选用式（3.18a），否则，选用式（3.18b））

$$n_2 = \frac{2n_1(1+\rho_1) + \sqrt{[2n_1(1+\rho_1)]^2 - 4(1-\rho_1)[(1-\rho_1)n_1^2 - \rho_1(k_1+k_2)^2 + (k_1-k_2)^2]}}{2(1-\rho_1)} \tag{3.18a}$$

$$n_2 = \frac{2n_1(1+\rho_1) - \sqrt{[2n_1(1+\rho_1)]^2 - 4(1-\rho_1)[(1-\rho_1)n_1^2 - \rho_1(k_1+k_2)^2 + (k_1-k_2)^2]}}{2(1-\rho_1)} \tag{3.18b}$$

2. 反演方法2——简化双厚度法（Simplified Double Thickness Method，SDTM）

借鉴3.2.1节中的反演方法，考虑 $\rho_1^2 e^{-\frac{8\pi k_2 L_1}{\lambda}}$、$\rho_1^2 e^{-\frac{8\pi k_2 L_2}{\lambda}}$ 的影响，由式（3.15）可得到求解液态相变材料吸收指数的关系式为

$$\rho_1 = \frac{1 - \sqrt{T_{1,m1}^2 + T_{1,m1}(e^{4\pi k_2 L_1/\lambda} - e^{-4\pi k_2 L_1/\lambda})}}{1 + T_{1,m1} e^{-4\pi k_2 L_1/\lambda}} \tag{3.19}$$

$$k_2 = \frac{\lambda}{4\pi L_2} \ln \frac{1 + \sqrt{1 + 4c^2 \rho_1^2}}{2c} \tag{3.20a}$$

$$c = \frac{T_{1,m2}}{(1-\rho_1)^2} \tag{3.20b}$$

上述公式的计算过程：① 假定 k_2 值；② 通过式（3.19）计算液态相变材料界面反射率 ρ_1，通过式（3.20）计算新的 k_2 值；③ 分析 k_2 假定值与其计算值的计算误差，若计算误差小于最小精度，则结束计算，否则 k_2 计算值替换 k_2 假定值返回第②步；④ k 收敛后，利用式（3.18a）或式（3.18b）计算 n_2 值。

3.2.4 反问题计算模型的适用范围

忽略光学玻璃的吸收特性，假定光学玻璃的折射率与波长无关，且其折射率为1.41。

不同吸收区域反演所用计算参数见表3.2。在折射率和吸收指数范围内合理取值,利用式(3.14)、式(3.15a) 和式(3.15b) 计算当量厚度1(当量厚度为液膜厚度和波长之比)、当量厚度2对应的液态相变材料当量透射比和实际透射比(统一用 T_1、T_2 表示),作为"实验测量值",并利用方法1、方法2反演计算 n、k,结合反演数据的相对误差分析液态相变材料光学常数对反演计算的影响,计算结果如图3.3 ~ 3.5 所示。

表 3.2　不同吸收区域反演所用计算参数

区域分类	相变材料吸收指数	相变材料折射率	当量厚度1	当量厚度2
弱吸收	10^{-5}	1.1 ~ 2	3 000	6 000
中吸收	10^{-3}	1.1 ~ 2	100	200
高吸收	10^{-2}	1.1 ~ 2	1	2
强吸收	10^{-1}	1.1 ~ 2	1	2

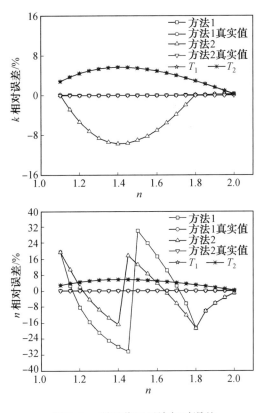

图 3.3　弱吸收区反演相对误差

由图3.3可知,在弱吸收区域,由于液态相变材料的当量透射比相对误差随着其折射率的增大先增大再减小,导致反演液态相变材料光学常数时,光学常数反演值曲线波动较大。同3.5节的透射比偏差分析结论基本一致,方法1反演吸收指数时,当量透射比对其影响较小,而对折射率影响较大,反演折射率最大相对误差的绝对值约为31%;方法2反

53

演液态相变材料吸收指数和折射率时,当量透射比对两者影响均较大,反演值最大相对误差的绝对值接近19%。在利用当量透射比反演液态相变材料光学常数时,当液态相变材料的折射率与光学玻璃一致时,其光学常数反演值的相对误差最大,这说明在选择填充液态相变材料光学腔的光学玻璃时,应尽量避开折射率与液体相近的光学玻璃。同时由图可知,利用液态相变材料的实际透射比反演时,两种方法的反演误差均很小,其中方法1的最大反演误差为0.3%,而方法2的反演误差为0。

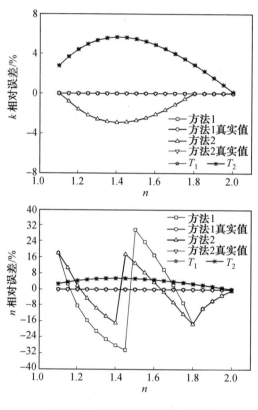

图3.4   中吸收区反演相对误差

由图3.4可知,在中吸收区域,利用当量透射比反演液态相变材料的光学常数时,其对方法1和方法2的影响,与在弱吸收区域基本一致。利用当量透射比反演时,方法2反演吸收指数的最大相对误差为 - 2.91%,发生在折射率为1.40处,与弱吸收区域相比有所减小,这是由于在弱吸收区域反演用两种当量透射比的相对误差为48%,而中吸收区域其为250%,并且两种区域当量透射比具有相同的误差,导致在中吸收区域反演精度比弱吸收区域高。两种方法反演折射率的精度与弱吸收区域相比有所改善,但是通过增加两种当量透射比的相对误差,也未能有效改善当量透射比的误差造成的损失,这与3.4节分析的结论一致。同时由图可知,在中吸收区域,利用液态相变材料的实际透射比反演时,两种方法的反演误差也很小,但由于反演吸收指数值增大,造成方法 1 的反演误差有所增大,其最大值为 0.4%,而方法 2 的精度保持不变。

由图 3.5 可知,在高吸收区域,液态相变材料当量透射比误差对方法 1 和方法 2 的影响与弱、中吸收区域基本一致。利用当量透射比反演时,方法 2 反演吸收指数值的最大相对误差为 −29%,发生在折射率为 1.40 处,与弱、中吸收区域相比,其精度大幅度下降。其原因在于,在高吸收区域反演用的两种当量透射比相对误差为 13%,与弱、中吸收区域的值相比大幅度减小,却与弱、中吸收区域的相对误差一致,造成其精度在折射率为 1.40 时大幅度下降。两种方法反演折射率的精度与弱、中吸收区域相比有所下降,这是由反演吸收指数增大造成的,与 3.1 节和 3.2 节的适用范围分析基本一致。同时由图可知,在高吸收区域,利用液态相变材料的实际透射比反演时,两种方法的反演误差也很小。

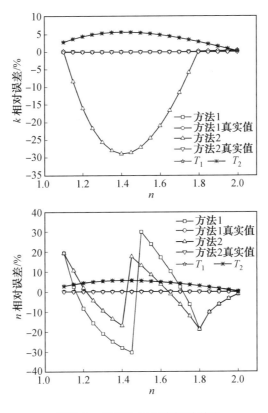

图 3.5　高吸收区反演相对误差

由图 3.6 可知,在强吸收区域,液态相变材料当量透射比误差对方法 1 和方法 2 的影响与其他吸收区域基本一致。利用当量透射比反演时,方法 2 反演吸收指数的最大相对误差为 −2.65%,与中吸收区域的反演精度相比有所提高,这是由于强吸收区域两种当量透射比的相对偏差为 252%,且两区域的当量透射比误差相同,造成强吸收区域反演精度比中吸收区域高。利用当量透射比时,两种方法反演折射率的精度与弱吸收区域相比有所改善,但与中吸收区域相比有所降低,从而进一步说明增加两种当量透射比的相对误差不能有效改善当量透射比误差所造成的损失。同时由图可知,在强吸收区域,利用液态相变材料的实际透射比反演时,两种方法的反演误差均很小。

由以上分析可知,利用液态相变材料当量透射比反演其光学常数时,其反演值受当量透射比误差、两种当量透射比相对偏差、液态材料的吸收指数和折射率范围的影响较大。但是,在一定适用范围内,通过液态相变材料当量透射比反演其光学常数能保证一定的反演精度。同时,方法1反演吸收指数受相对误差、两种当量透射比的相对偏差影响较小,而方法2则相对较大。在采用方法1和方法2反演液态相变材料光学常数时,为提高反演精度,建议适当地提高两种当量透射比的相对偏差。

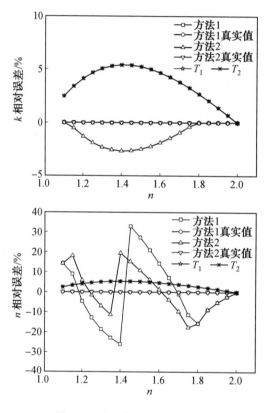

图3.6　强吸收区反演相对误差

3.3　反演液态相变材料光学常数的透射比与 K－K 结合法

3.3.1　反问题计算模型

采用实验测量的填充液态材料光学腔光谱透射值作为液态材料热辐射物性反演计算的测量值,构造目标函数

$$OF(\lambda) = \sum \left[T_m(\lambda) - T_c(\lambda) \right]^2 \tag{3.21}$$

式中　$T_m(\lambda)$、$T_c(\lambda)$——在同一波长下填充液态材料光学腔光谱透射比测量值和正问题模型计算值。

当光学玻璃的热辐射物性和厚度、液态材料厚度已知时,填充液态材料光学腔光谱透射比只与材料的光学常数(吸收指数和折射率)有关,但未知参数有两个,却只有一个方程,造成目标函数解的不确定性。

由经典色散理论可知,光学常数的吸收指数、折射率共同构成了复折射率方程的实部和虚部,其复折射率方程为

$$m(\lambda) = n(\lambda) - ik(\lambda) \tag{3.22}$$

式中　$m(\lambda)$——波长 λ 下的复折射率。

由经典色散理论可知,吸收指数、折射率构成的复折射率方程中实部和虚部存在一定的关系,可由 K－K 关系式联系起来,即

$$n(\lambda) = 1 + \frac{2\lambda^2}{\pi} P \int_0^\infty \frac{k(\lambda_0)}{\lambda_0(\lambda^2 - \lambda_0^2)} d\lambda_0 \tag{3.23}$$

$$k(\lambda) = \frac{2\lambda}{\pi} P \int_0^\infty \frac{n(\lambda_0) - 1}{\lambda^2 - \lambda_0^2} d\lambda_0 \tag{3.24}$$

式中　P——Cauchy 主值积分。

通过引入式(3.23)作为补充条件,将反演液态材料光学常数 n 和 k 的目标函数进行约束,具体反演步骤如下:

(1)假设初值 $n(\lambda) = n_0$(尽量接近求解值),设定 $k(\lambda)$ 的最大范围,在满足单值性条件的各参数取值范围内,采用 MC(Monte-Carlo)法和区间逼近法相结合的混合方法,根据目标函数式(3.24)搜索 $k(\lambda)$。

(2)利用求解得到的 $k(\lambda)$,通过式(3.23)求得新的 $n(\lambda)$,根据 $n(\lambda)$ 搜索新的 $k(\lambda)$。

（3）如此反复迭代，当两相邻迭代的 $n(\lambda)$ 和 $k(\lambda)$ 均满足式（3.25）时,则当前的 $n(\lambda)$ 和 $k(\lambda)$ 为所需要的光学常数。

$$\frac{1}{M}\sqrt{\sum_{i=0}^{M}\left(\frac{k_i^j - k_i^{j-1}}{k_i^j}\right)^2} \leqslant \delta \quad \frac{1}{M}\sqrt{\sum_{i=0}^{M}\left(\frac{n_i^j - n_i^{j-1}}{n_i^j}\right)^2} \leqslant \delta \quad (3.25)$$

式中　M——透射光谱的波段内等间距划分的波长间隔数；

　　　k_i^j（或 n_i^j）——第 i 节点第 j 迭代的吸收指数（或折射率）；

　　　δ——迭代收敛精度,一般为 10^{-5}。

通过实验只能得到有限波长 $[\lambda_1, \lambda_h]$ 的透射光谱的测量数据,而式（3.23）中包含有无限波长范围内的 Cauchy 主值积分,导致无法利用式（3.23）直接计算 $n(\lambda)$。因此,需要将有限波长 $[\lambda_1, \lambda_h]$ 做合理的外推,根据介质的光学色散理论可知:

$$k(\lambda) = C_1 \cdot \lambda^3, \quad \lambda \leqslant \lambda_1 \quad (3.26a)$$

$$k(\lambda) = C_h \cdot \frac{1}{\lambda}, \quad \lambda \geqslant \lambda_h \quad (3.26b)$$

其中,$C_1 = \dfrac{k(\lambda_1)}{\lambda_1^3}$,$C_h = k(\lambda_h) \cdot \lambda_h$。

为方便计算,采用假设方法将有限区域外推到全波长范围,但实际长波并没有趋向无穷远处,短波也不能趋向零,在计算中人为地引入了不可避免的误差。为解决此问题,很多学者在计算中采用相减的 K - K 关系式来弥补此缺陷。

当 $\lambda = \lambda_1$ 时,式（3.23）则变为

$$n(\lambda_1) = 1 + \frac{2\lambda_1^2}{\pi}P\int_0^\infty \frac{k(\lambda_0)}{\lambda_0(\lambda_1^2 - \lambda_0^2)}d\lambda_0 \quad (3.27)$$

由式（3.27）减去式（3.23）可得

$$n(\lambda) = n(\lambda_1) + \frac{2(\lambda_1^2 - \lambda^2)}{\pi}P\int_0^\infty \frac{\lambda_0 k(\lambda_0)}{(\lambda_1^2 - \lambda_0^2)(\lambda^2 - \lambda_0^2)}d\lambda_0 + N_1 + N_h \quad (3.28)$$

式中　N_h、N_1——长波、短波外推区间的积分,其满足

$$N_h = \frac{C_h}{\lambda^2 - \lambda_1^2}\left[\frac{1}{2\lambda}\ln\left(\frac{\lambda_h + \lambda}{\lambda_h - \lambda}\right) - \frac{1}{2\lambda_1}\ln\left(\frac{\lambda_h + \lambda_1}{\lambda_h - \lambda_1}\right)\right] \quad (3.29)$$

$$N_1 = C_1 \cdot \lambda_1 + \frac{C_1(\lambda_1^2 + \lambda^2)}{2\lambda}\ln\left(\frac{\lambda - \lambda_1}{\lambda + \lambda_1}\right) + \frac{C_1\lambda^4}{\lambda^2 - \lambda_1^2} \cdot \frac{1}{2\lambda} \cdot \ln\left(\frac{\lambda - \lambda_1}{\lambda + \lambda_1}\right) -$$

$$\frac{C_1\lambda_1^4}{\lambda^2 - \lambda_1^2} \cdot \frac{1}{2\lambda_1} \cdot \ln\left(\frac{\lambda_1 - \lambda_1}{\lambda_1 + \lambda_1}\right) \quad (3.30)$$

在式（3.29）和式（3.30）的积分中,当 $\lambda_0 = \lambda$、$\lambda_0 = \lambda_1$ 时出现奇点,需要对这两点进行特殊处理。本书利用 $[\lambda - \Delta\lambda, \lambda + \Delta\lambda]$ 内的 Cauchy 主值积分计算（$\Delta\lambda$ 为一微小间隔）。

将 $[\lambda - \Delta\lambda, \lambda + \Delta\lambda]$ 内的 Cauchy 主值积分进行 Hilbert 变换:

$$P\int_{\lambda-\Delta\lambda}^{\lambda+\Delta\lambda} \frac{k(\lambda)}{\lambda(\lambda_1^2-\lambda^2)}\mathrm{d}\lambda = \frac{k(\lambda+\Delta\lambda)}{(\lambda+\Delta\lambda)(2\lambda+\Delta\lambda)} - \frac{k(\lambda-\Delta\lambda)}{(\lambda-\Delta\lambda)(2\lambda-\Delta\lambda)} \quad (3.31)$$

其值由下式求解:

$$\int_{\lambda-\Delta\lambda}^{\lambda+\Delta\lambda} \frac{k(\lambda_0)}{\lambda_0(\lambda_0^2-\lambda^2)}\mathrm{d}\lambda_0 = \frac{k(\lambda+\Delta\lambda)}{(\lambda+\Delta\lambda)(2\lambda+\Delta\lambda)} - \frac{k(\lambda-\Delta\lambda)}{(\lambda-\Delta\lambda)(2\lambda-\Delta\lambda)} \quad (3.32)$$

$$\int_{\lambda_1-\Delta\lambda}^{\lambda_1+\Delta\lambda} \frac{k(\lambda_0)}{\lambda(\lambda_0^2-\lambda_1^2)}\mathrm{d}\lambda_0 = \frac{k(\lambda_1+\Delta\lambda)}{(\lambda_1+\Delta\lambda)(2\lambda_1+\Delta\lambda)} - \frac{k(\lambda_1-\Delta\lambda)}{(\lambda_1-\Delta\lambda)(2\lambda_1-\Delta\lambda)} \quad (3.33)$$

由于积分函数难以采用显式求解格式,在 $[\lambda - \Delta\lambda, \lambda + \Delta\lambda]$ 内的积分不能通过解析法直接计算,而是采用复合 Simpson 求积公式进行求解。

3.3.2　反演计算模型的适用范围

求解液态材料光学常数为反问题研究,求解此类问题的难点在于存在解的多值性,具体到利用透射光谱反演液态材料的光学常数时,其多值性表现在:由某一透射光谱实验值可能得出多组光学常数 (n, k) 值。多值性的产生主要是由目标函数方程的复杂性造成的,但是可以通过确定解的单值性条件来满足求解光学常数的唯一性。对于填充液态材料的光学腔,当已知光学玻璃的光学物性和液态材料的厚度时,其透射比只与液态材料的光学常数有关。当已知光学玻璃的光学物性、液态材料光学腔透射比和液态材料的厚度时,光学常数 (n, k) 只与光学腔的透射比有关,则可通过构建其关联关系,由光学腔的透射比进行反求,而光学腔的透射比取值范围则会影响其求解精度。

忽略光学玻璃的吸收特性,当其折射率为 1.41、1.54 和 2.44 时,分析光学腔的透射比取值对计算中单值性条件的影响。在折射率和吸收指数范围内合理取值,计算当量厚度 x(当量厚度为液膜厚度和波长之比)的光学腔透射比,计算结果如图 3.7 ~ 3.9 所示。

由图 3.7 可知,当已知液态材料的光学常数和当量厚度时,氟化钙光学腔的透射比是唯一的;当已知氟化钙光学腔的透射比和当量厚度时,液态材料的光学常数却随当量厚度的取值出现多值现象。例如,当量厚度为 0.1 时,仅在折射率为 1.41 的峰值处,氟化钙光学腔的透射比对应的光学常数是固定的。同时由图可以看出,随着当量厚度的增大,光学腔的透射比等值线变得更加平坦;当量厚度超过 10 时,部分氟化钙光学腔的透射比等值线几乎成为直线,这说明在氟化钙光学腔的透射比和当量厚度确定时,即使已经知道液态材料吸收指数 k,但由于其对应的折射率 n 是多值的,则难以确定折射率的真值。

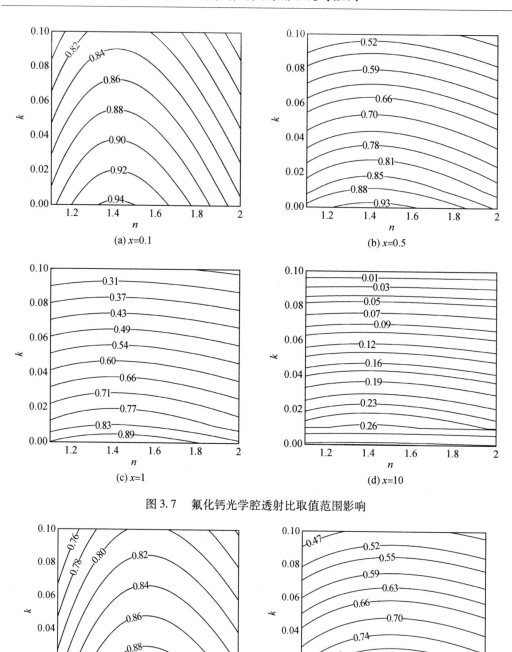

图 3.7　氟化钙光学腔透射比取值范围影响

图 3.8　溴化钾光学腔透射比取值范围影响

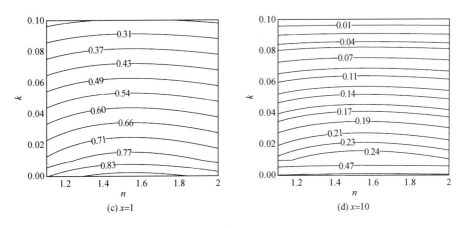

(c) x=1　　　　　　　　　　(d) x=10

续图 3.8

由图 3.8 可知,采用溴化钾光学腔的情况和氟化钙光学腔基本一样。只有在溴化钾光学腔的玻璃折射率为 1.54 处,才能保证利用溴化钾光学腔透射比反演液态材料光学常数的唯一性。由此可知,在利用填充液态材料光学腔的透射比反演其光学常数时,需要考虑光学玻璃光学物性对液态材料光学常数反演的影响。

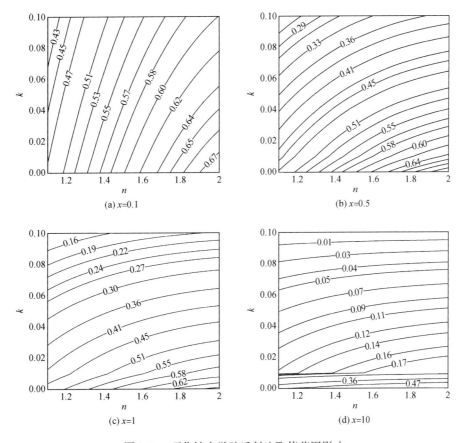

图 3.9　硒化锌光学腔透射比取值范围影响

由图3.9可知,采用硒化锌光学腔后,透射比与液态材料光学常数的关系能够满足单值性条件。这是由于硒化锌的折射率为2.44,大于液态材料的折射率,使光学腔透射比曲线成为单调曲线。

3.3.3 算例分析

为检验本书模型的合理性,采用文献[70]中液态水的光学常数 n 和 k 的实验数据作为"真实值",玻璃为透明介质且其折射指数为2.44,然后利用本书的正问题模型计算水膜厚度为1 μm所对应的光学腔透射比作为"实验数据",将"实验数据"带入反问题模型计算水的光学常数 n 和 k。水的光学常数反演结果如图3.10所示。

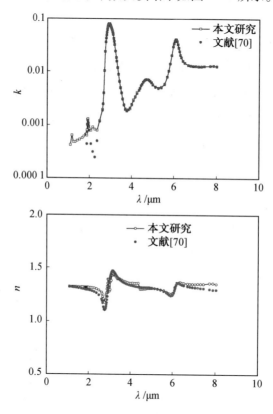

图3.10　水的光学常数反演结果

由图3.10可知,本书模型反演计算水的吸收指数 k 与文献中的"真实值"大部分都吻合得较好,但在透明区域本书模型反演的吸收指数结果远远大于"真实值",导致在透明区域反演数据计算相对误差的最大值为100%,从而说明在透明区域该反演方法的适用性较差。同时,本书模型反演计算水的折射率 n 的大部分结果与"真实值"吻合较好,最大反演误差低于10%。

3.4　反演液态相变材料光学常数的新双厚度法

3.4.1　反问题计算模型

透射比与 K－K 关系式结合法反演液态材料光学常数是目前应用较为普遍的方法之一,但其采用假设理论构造 K－K 关系式实现折射指数的求解,难以克服因 K－K 关系假设引入的误差;其次,在利用相减的 K－K 关系式计算中,需要知道高波数下液态材料的折射率,才能进行合理的外推。Tien 提出的双厚度透射法原理简单,不需要采用 K－K 关系式,但其仅适用于忽略光学玻璃反射损失的情况。为此,本节借鉴 Tien 法,不引入 K－K 关系式且考虑光学玻璃的反射损失,通过实验测量两个不同液体厚度下填充液态材料光学腔的光谱透射值,作为液态材料光学常数反演计算的测量值,进而构造求解液态材料光学常数的方程组。

实验测量可以确定液体厚度为 L_1 和 L_2 的填充液态材料光学腔对应的两组法向透射比实验值 T_{m1} 和 T_{m2}。由于已知光学玻璃的光学常数,则可以构成方程组:

$$\begin{cases} T(n_2,k_2,L_1) - T_{m1} = 0 & (3.34a) \\ T(n_2,k_2,L_2) - T_{m2} = 0 & (3.34b) \end{cases}$$

式中　$T(n_2,k_2,L_1)$、$T(n_2,k_2,L_2)$——液体厚度为 L_1 和 L_2 的填充液态石蜡材料光学腔对应的两组法向透射比计算值。

当已知光学玻璃的光学常数和厚度、液态材料厚度时,填充液态材料光学腔光谱透射比只与材料的光学常数(吸收指数和折射率)有关,由于方程组由两个独立方程构成,从理论上讲可以确定方程组的唯一解。

1. 反演方法 1——蒙特克洛双厚度法(MC Double Thickness Method,MCDTM)

借鉴 3.3.1 节中的反演方法,采用 MC 法和区间逼近法相结合的混合方法来求解反演模型。在采用 MC 法时,当解偏离真值较远时,其收敛速度较慢。为此,首先通过 MC 法进行解的初步搜索,达到适当的计算精度后,采用区间逼近法减小反演范围。具体反演计算过程如下:

(1)给出 n 和 k 的合理取值范围,迭代最大次数、最小精度,初始计算精度,区间逼近步长。

(2)利用 MC 法给 n 和 k 合理赋值。

(3)通过式(3.11)计算 $T(n_2,k_2,L_1)$ 和 $T(n_2,k_2,L_2)$,并确定计算值和实验值的计算

63

误差。当计算误差小于初始计算精度时,采用区间逼近法缩小 n 和 k 的取值范围,并用此时的计算误差取代初始计算精度。

(4)计算过程控制,若计算误差小于最小精度,或者累加迭代次数大于迭代最大次数,则程序计算结束,否则返回第(2)步。

2. 反演方法 2——改进型双厚度法(Improved Double Thickness Method,IDTM)

方法 1 中采用 MC 法进行搜索,计算量较大,求解时间较长。为此我们提出,假设将光学腔的透射比作为液体透射比的"实验值"$T_{1,m1}$ 和 $T_{1,m2}$,从而通过 4.2.3 节中的反演方法得到初始的 k_2 和 n_2,然后利用得到的初始 k_2 和 n_2 通过正问题计算液体厚度为 L_1 和 L_2 的光学腔对应的法向透射比计算值 T_{c1} 和 T_{c2}。通过比较其与实验值的差距,对原来假设的液体透射比"实验值"进行修正,其修正关系满足

$$\widetilde{T}_{1,m1} = T_{1,m1} + T_{m1} - T_{c1} \qquad (3.35a)$$

$$\widetilde{T}_{1,m2} = T_{1,m2} + T_{m2} - T_{c2} \qquad (3.35b)$$

式中 $\widetilde{T}_{1,m1}$、$\widetilde{T}_{1,m2}$——液体透射比"修正值"。

用液体透射比"修正值"代替原来假设的液体透射比"实验值",重新计算 k_2 和 n_2,直到修正关系满足收敛要求为止。

3.4.2 反演方法的适用范围

假定光学玻璃的光学常数与波长无关,且其吸收指数和折射率分别为 0 和 2.44。不同吸收区域反演所用计算参数见表 3.2。在折射率和吸收指数范围内合理取值,利用式(3.11)计算当量厚度 1、当量厚度 2 对应的液态材料当量透射比和实际透射比(统一用 T_1、T_2 表示)作为"实验测量值",并利用方法 1、方法 2 反演模型计算 n、k,结合反演数据的相对误差分析液态材料光学常数对反演计算的影响,计算结果如图 3.11 和图 3.12 所示。

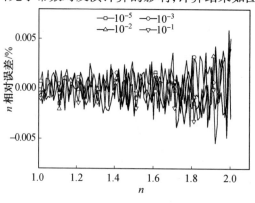

图 3.11 方法 1 的反演相对误差

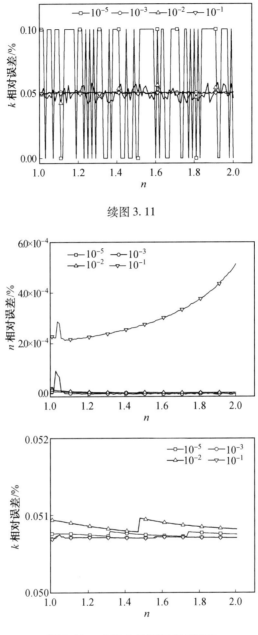

续图 3.11

图 3.12　方法 2 的反演相对误差

由图 3.11 可知,方法 1 反演折射率的最大相对误差为 5×10^{-5},在高折射率区域反演误差明显增大,而且随着吸收指数的增大而增大;方法 1 反演吸收指数的最大相对误差为 0.001,而且受折射率影响很小,并且随着吸收指数的增大而减小。由图 3.12 可知,方法 2 反演光学常数的计算精度明显高于方法 1,其反演折射率的最大相对误差为 5×10^{-6},反演吸收指数的最大相对误差为 5×10^{-4},而且方法 2 受反演光学常数的影响很小。

在反演光学常数范围内,假设透射比实验数据存在 ±0.1%、±1%、±5% 和 ±10% 的相对误差,其余条件不变,反演计算光学常数 n、k,计算反演值与"真实值"的相对误差,计算结果如图 3.13 ~ 3.20 所示。

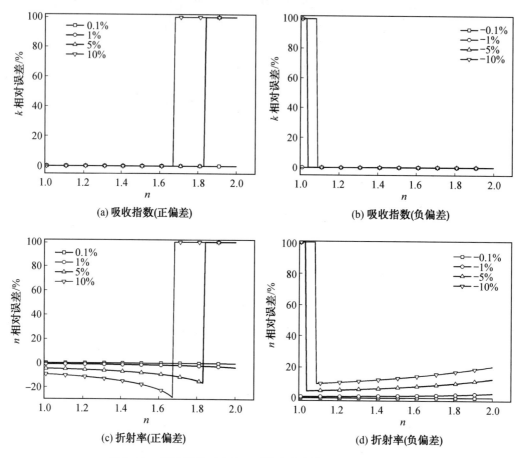

(a) 吸收指数(正偏差)

(b) 吸收指数(负偏差)

(c) 折射率(正偏差)

(d) 折射率(负偏差)

图 3.13　实验偏差对方法 1 反演光学常数的影响 ($k = 0.1$)

当方法 1 反演强吸收区域的光学常数时,由图 3.13(a) 和(b) 可知,实验偏差的绝对值较小时(正偏差小于 1%,负偏差大于 − 1%),方法 1 反演吸收指数的相对误差较小(约为 10^{-3});当实验偏差的绝对值超过 5% 后,在部分区域方法 1 反演吸收指数的相对误差达到 100%;正偏差会导致在高折射率区域反演误差增大,而负偏差则会导致在低折射率区域反演误差增大,并且正偏差对方法 1 反演光学常数造成的不利影响远远超过负偏差的影响。同时由图可知,在折射率为 1.08 ~ 1.68 的区域,方法 1 反演光学常数受实验偏差的影响较小,即使实验偏差的绝对值达到 10%,其反演数据的相对误差也仅为 10^{-3}。由图 3.13(c) 和(d) 可以看出,方法 1 反演折射率受实验偏差的影响较大,其反演数据的相对误差随实验偏差绝对值的增大而增大,方法 1 反演折射率的最小相对误差略低于实验偏差;同时可以看出,在折射率为 1.08 ~ 1.68 的区域之外,方法 1 反演折射率和反演吸收指数相似,当实验偏差的绝对值超过 5% 时,反演数据的计算相对误差达到 100% 。

由图 3.14(a) 和(b) 可知,当方法 2 反演强吸收区域的光学常数时,实验正、负偏差对方法 2 的影响截然不同,实验正偏差对方法 2 反演吸收指数的影响和方法 1 相似,但是方法 2 比方法 1 的反演精度高;而实验负偏差对方法 2 的影响则很小,即使实验偏差为 - 10% 时,方法 2 反演吸收指数的最大相对误差仅为 0.2% 。同时由图可以看出,实验偏差的绝对值较小时(正偏差小于 1% ,负偏差大于 - 1%),方法 2 反演吸收指数的相对误差较小(约为 10^{-3}),而且随着折射率的增大,其反演数据的相对误差相应减小。由图 3.14(c) 和(d) 可以看出,实验偏差对方法 2 反演折射率的影响与反演吸收指数相似,但是实验负偏差对方法 2 反演折射率的不利影响强于吸收指数,当实验偏差为 - 10% 时,反演折射率的最大相对误差超过 20% ,并且随着折射率的增大,其反演数据的相对误差在增大。

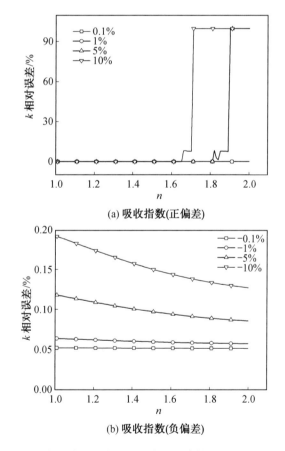

(a) 吸收指数(正偏差)

(b) 吸收指数(负偏差)

图 3.14　实验偏差对方法 2 反演光学常数的影响 ($k = 0.1$)

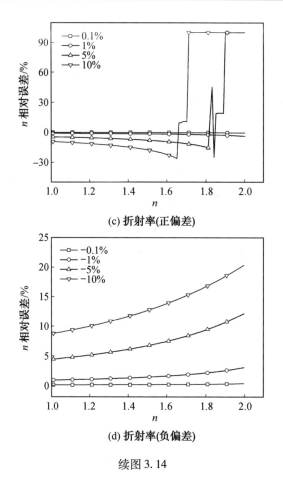

(c) 折射率(正偏差)

(d) 折射率(负偏差)

续图 3.14

图 3.15 为实验偏差对方法 1 反演光学常数的影响($k = 0.01$)。由图可知,方法 1 反演高吸收区域的光学常数时,实验偏差对其造成的影响与强吸收区域相似,但是受实验偏差影响较小的折射率范围却减小至 1.1 ~ 1.66。由图可以看出,方法 1 在高吸收区域反演光学常数的相对误差比强吸收区域大。当实验偏差的绝对值小于 1% 时,反演吸收指数最大相对误差接近 0.01,而反演折射率的最大相对误差约为 3.5%。

由图 3.16(a) 和(b) 可知,方法 2 反演高吸收区域的光学常数时,实验偏差对其造成的影响与强吸收区域相似,在高吸收区域反演光学常数的相对误差比强吸收区域大。当实验偏差的绝对值小于 1% 时,反演吸收指数的最大相对误差接近 0.3%,而反演折射率的最大相对误差约为 3.3%。

图 3.17 为实验偏差对方法 1 反演光学常数的影响($k = 0.001$)。由图可知,方法 1 反演中吸收区域的光学常数时,实验偏差对其造成的影响与高吸收区域相似,但是方法 1 在中吸收区域反演光学常数的相对误差比高吸收区域小。当实验偏差的绝对值小于 1% 时,反演吸收指数的最大相对误差接近 0.06%,而反演折射率的最大相对误差约为 3.06%。

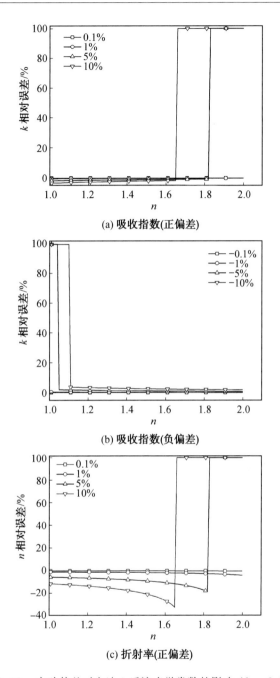

(a) 吸收指数(正偏差)

(b) 吸收指数(负偏差)

(c) 折射率(正偏差)

图 3.15　实验偏差对方法 1 反演光学常数的影响（$k = 0.01$）

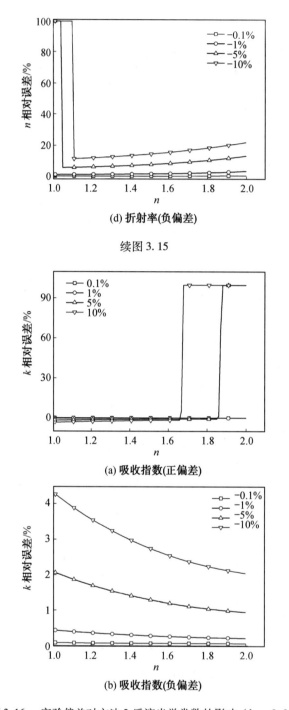

(d) 折射率(负偏差)

续图 3.15

(a) 吸收指数(正偏差)

(b) 吸收指数(负偏差)

图 3.16　实验偏差对方法 2 反演光学常数的影响（$k = 0.01$）

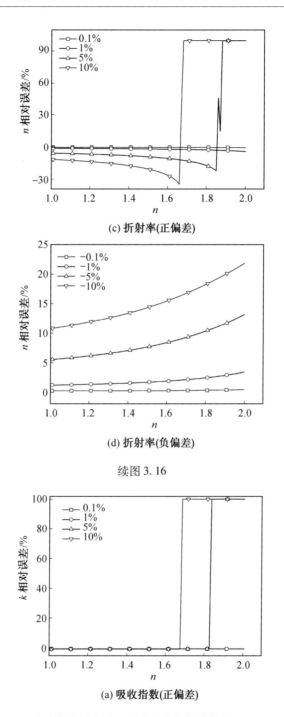

(c) 折射率(正偏差)

(d) 折射率(负偏差)

续图 3.16

(a) 吸收指数(正偏差)

图 3.17　实验偏差对方法 1 反演光学常数的影响 ($k = 0.001$)

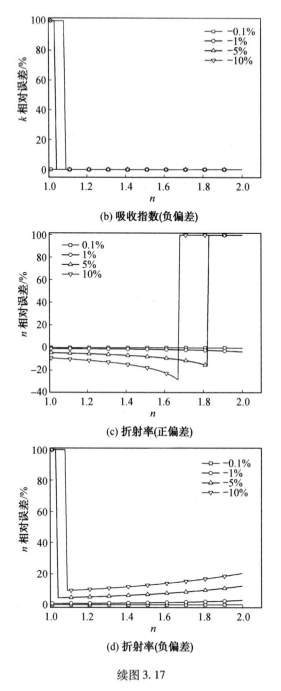

(b) 吸收指数(负偏差)

(c) 折射率(正偏差)

(d) 折射率(负偏差)

续图 3.17

图 3.18 为实验偏差对方法 2 反演光学常数的影响($k = 0.001$)。由图可知,方法 2 反演中吸收区域的光学常数时,实验偏差对其造成的影响与高吸收区域相似,在中吸收区域反演光学常数的相对误差比强吸收区域小。当实验偏差的绝对值小于 1% 时,反演吸收指数的最大相对误差接近 0.06%,而反演折射率的最大相对误差约为 3.06%。

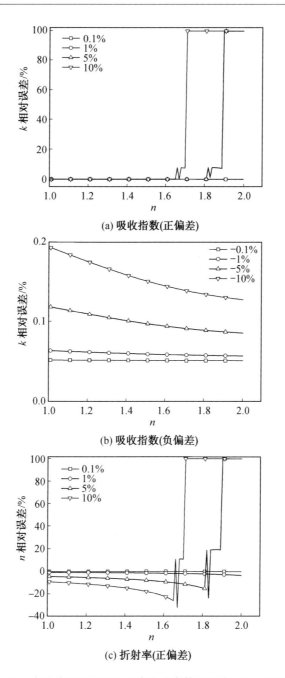

(a) 吸收指数(正偏差)

(b) 吸收指数(负偏差)

(c) 折射率(正偏差)

图 3.18 实验偏差对方法 2 反演光学常数的影响 ($k = 0.001$)

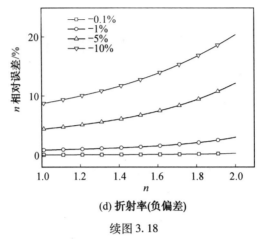

(d) 折射率(负偏差)

续图 3.18

图 3.19 为实验偏差对方法 1 反演光学常数的影响($k = 10^{-5}$)。由图可知,方法 1 反演弱吸收区域的光学常数时,实验偏差对其造成的影响与中吸收区域相似。由此可以看出,方法 1 在弱吸收区域反演光学常数的相对误差比中吸收区域大。当实验偏差的绝对值小于 1% 时,反演吸收指数的最大相对误差接近 0.2%,而反演折射率的最大相对误差约为 3.24%。

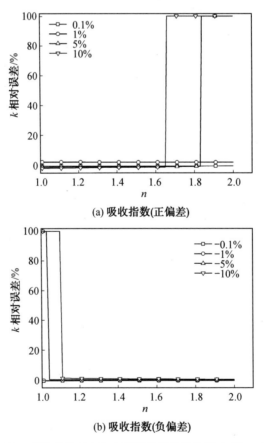

(a) 吸收指数(正偏差)

(b) 吸收指数(负偏差)

图 3.19 实验偏差对方法 1 反演光学常数的影响 ($k = 10^{-5}$)

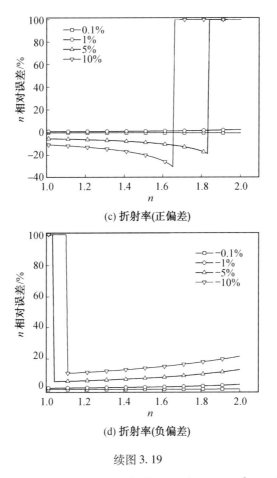

(c) 折射率(正偏差)

(d) 折射率(负偏差)

续图 3.19

图 3.20 为实验偏差对方法 2 反演光学常数的影响($k = 10^{-5}$)。由图可知,方法 2 反演弱吸收区域的光学常数时,实验偏差对其造成的影响与中吸收区域相似,在弱吸收区域反演光学常数的相对误差比强吸收区域大。当实验偏差的绝对值小于 1% 时,反演吸收指数的最大相对误差接近 0.22% ,而反演折射率的最大相对误差约为 3.24% 。

为进一步分析反演方法的合理性,采用文献中液态庚烷(C_7H_{16})的光学常数 n 和 k 的实验数据作为"真实值",光学腔中玻璃为透明介质其折射指数为 2.44,然后利用本书的正问题模型计算庚烷液膜厚度为 5 μm、10 μm 所对应的光学腔透射比作为"实验数据",其中"真实值"和"实验数据"如图 3.21 及图 3.22 所示。

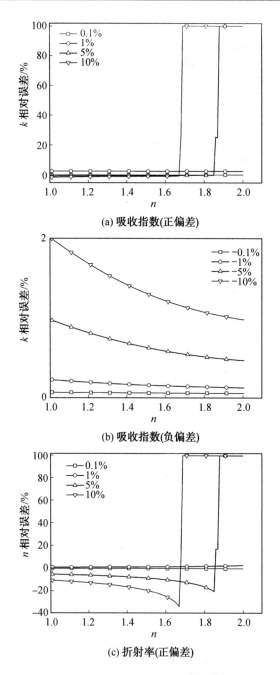

(a) 吸收指数(正偏差)

(b) 吸收指数(负偏差)

(c) 折射率(正偏差)

图 3.20　实验偏差对方法 2 反演光学常数的影响（$k = 10^{-5}$）

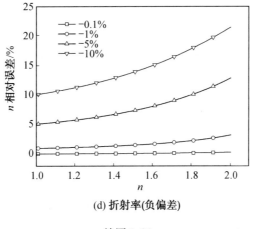

(d) 折射率(负偏差)

续图 3.20

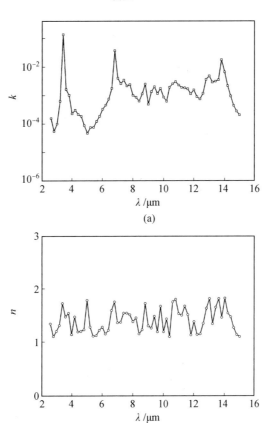

图 3.21　庚烷的光学常数

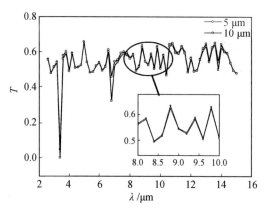

图 3.22　填充庚烷光学腔透射比

图 3.23 为方法 1 和方法 2 反演庚烷光学常数的结果。由图可知,方法 1 和方法 2 反演庚烷光学常数的结果与真实值吻合非常好。其中,方法 1 反演折射率和吸收指数计算值的最大相对误差分别为 0.04% 和 16%,而方法 2 反演折射率和吸收指数的最大相对计算误差分别为 10^{-6} 和 0.07%。由此可以看出,对于反演庚烷的光学常数,方法 2 比方法 1 反演精度更高。

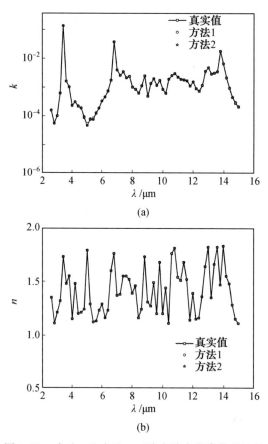

图 3.23　方法 1 和方法 2 反演庚烷光学常数的结果

在反演计算庚烷光学常数中所用的"实验数据"是精确的,但由于仪器精度、操作环境、人为因素等影响,实验数据往往存在一定的偏差,分析实验偏差对反演方法的影响是评价反演方法抗干扰能力的重要步骤。在反演光谱范围内,光学腔的实验数据分别存在 $\gamma = 0.1\%$、1%、5% 和 10% 的相对误差(正偏差),并将该"实验数据"作为反演的已知量,其余条件不变,反演计算光学常数 n、k,采用式(3.20)计算反演值与"真实值"的相对误差,计算结果如图 3.24 和图 3.25 所示。

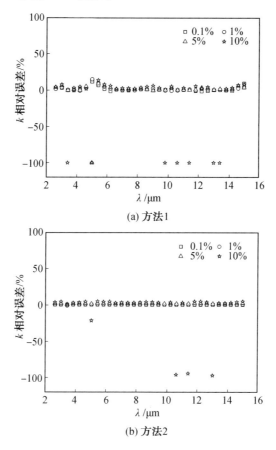

(a) 方法 1

(b) 方法 2

图 3.24　实验偏差对方法 1 和方法 2 反演吸收指数的影响

由图 3.24 可以看出,实验偏差对方法 1 和方法 2 反演计算吸收指数的影响都很显著,且随着实验偏差的增大而变大。在方法 1 中,实验偏差为 0.1%、1% 和 5% 时,反演吸收指数计算值的最大相对误差发生在波长 5 μm 处,其值分别为 11.97%、15.05% 和 -100%。这是由在波长 5 μm 处,两种液体厚度的光学腔透射比相对偏差仅为 0.06% 造成的。当实验偏差不超过 5% 时,除波长 5 μm 外,其余值的反演计算误差均小于 10%;当实验偏差为 10% 时,接近 20% 的反演数据计算误差为 100%。同时由图可以看出,当实验偏差不超过 5% 时,实验偏差对方法 2 反演吸收指数的影响较小,其最大计算相对误差仅为2.34%。而当实验偏差为10%时,在高吸收区域(吸收指数约为10^{-2})方法2反演计算误差急剧增大,其值超过100%。

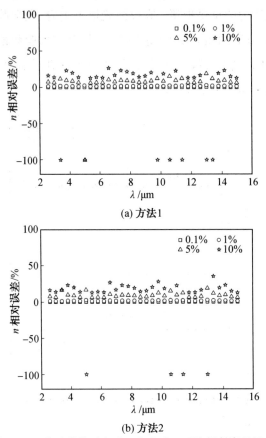

(a) 方法1

(b) 方法2

图3.25　实验偏差对方法1和方法2反演折射率的影响

由图3.25可以看出,实验偏差对方法1和方法2反演计算折射率的影响也较大,且随着实验偏差的增大而变大。在方法1中,实验偏差不超过1%时,反演折射率的计算误差为3%;实验偏差为5%时,接近24%的反演数据计算误差超过10%。同时由图可以看出,实验偏差对方法2反演计算折射率的影响规律和方法1基本一致。

由上述分析可知,无实验偏差时,方法1和方法2反演计算庚烷光学常数的结果与真实值吻合非常好,其中方法2的精度更高。当存在实验偏差时,两种方法均受到一定的影响,其中方法1受影响更大。当实验偏差不超过1%时,方法2反演吸收指数计算值的最大相对误差小于1.5%,方法2反演折射率计算值的最大相对误差小于3%。当实验偏差不超过5%时,方法2反演吸收指数计算值的最大相对误差小于3%,反演折射率计算值的最大相对误差小于20%。

3.5　本章小结

　　本章在分析填充液态材料光学腔辐射特性的基础上,建立了求解其透射比的正问题模型,通过引入和提出了 3 种基于填充液态材料光学腔透射光谱反演其热辐射物性的方法,建立了相应的反问题模型,编制了计算程序,分析了适用范围,并进行了算例分析。主要结论如下:

　　(1) 本书给出了两种利用液态材料当量透射比反演其光学常数的方法,但只能在一定适用范围内保证其反演精度。为提高反演精度,建议适当地提高两种当量透射比的相对偏差。

　　(2) 本书给出的液态材料热辐射物性反演方法 2 是目前应用较为普遍的方法之一,但其采用假设理论构造 K - K 关系式实现折射指数的求解,难以克服因 K - K 关系假设引入的误差;其次,在利用相减的 K - K 关系式计算中,需要知道高波数下液态石蜡材料的折射率,才能进行合理的外推。

　　(3) 本书给出的基于双透射光谱法反演液态材料光学常数的两种方法,能够在一定适用范围内实现液态材料光学常数的反演。在无实验偏差时,方法 1 和方法 2 反演计算庚烷光学常数的结果与真实值吻合非常好,其中方法 2 的精度更高。当存在实验偏差时,两种方法均受到一定的影响,当实验偏差的绝对值较小时(正偏差小于 1%,负偏差大于 - 1%),方法 1 反演吸收指数的相对误差较小(约为 10^{-3});当实验偏差的绝对值超过 5% 后,在折射率为 $1.08 \sim 1.68$ 的区域,方法 1 反演光学常数受实验偏差的影响较小,即使实验偏差的绝对值达到 10% ,其反演数据的相对误差也仅为 10^{-3} 。当方法 2 反演强吸收区域的光学常数时,方法 2 比方法 1 反演精度稍高一些;而实验负偏差对方法 2 的影响则很小,即使实验偏差为 - 10% 时,方法 2 反演吸收指数的最大相对误差仅为 0.2% 。实验偏差的绝对值较小时(正偏差小于 1% ,负偏差大于 - 1%),方法 1 反演吸收指数的相对误差较小(约为 10^{-3}),而且随着折射率的增大,其反演数据的相对误差在减小。实验负偏差对方法 2 反演折射率的不利影响高于吸收指数,当实验偏差为 - 10% 时,反演折射率的最大相对误差超过 20% ,并且随着折射率的增大,其反演数据的相对误差也在增大。

第4章 含相变材料层玻璃结构光热传输实验

本章实验分析了玻璃和石蜡等半透明材料的光谱特性,发展了反演液态相变材料光学常数的新模型,基于测量的透射光谱反演了玻璃和石蜡的光学常数,搭建了含石蜡类相变材料层玻璃结构光热传输室内测量平台,测试分析了含石蜡层玻璃结构的光热传输特性。

4.1 石蜡和玻璃的光学物性

4.1.1 实验装置和材料

半透明材料透射光谱测量仪器为 TU – 19 双光束紫外可见分光光度计(图4.1),其测量的波长范围为 190 ~ 900 nm,透射比测量误差为 ±0.3%。

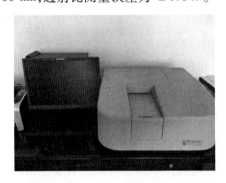

图4.1 TU – 19 双光束紫外可见分光光度计

玻璃材料购自大庆义和诚玻璃纤维公司,厚度分别为 3 mm、5 mm(图4.2)。

石蜡材料购自上海焦耳蜡业有限公司,相变点温度在 15.8 ~ 16.5 ℃(图4.3)。

通过玻璃自制封装石蜡光学腔,如图4.4(a)所示,同种厚度玻璃材料分别封装了光程为 2 mm、5 mm、20 mm、40 mm、60 mm、80 mm、100 mm 的玻璃腔;3 种光程分别为 1 mm、3 mm、10 mm 的石英比色皿光学腔如图4.4(b)所示。

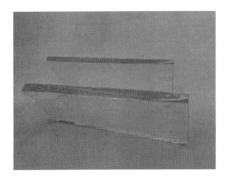

图 4.2　3 mm、5 mm 石英玻璃样品

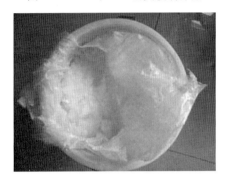

图 4.3　石蜡材料

(a) 玻璃腔

(b) 石英比色皿

图 4.4　光学玻璃材料

4.1.2 玻璃的光学物性

实验中两块玻璃样品为建筑窗体常用的浮法玻璃,其厚度分别为 3 mm 和 5 mm。测试波段为 340 ~ 900 nm,光谱分辨率为 8 cm^{-1},在常温情况下采用紫外可见分光光度计分别测试两块玻璃样品的光谱透射率,厚度为 3 mm 和 5 mm 玻璃的紫外可见光谱透射率如图 4.5 所示。

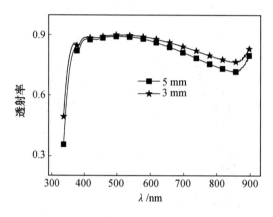

图 4.5　厚度为 3 mm 和 5 mm 玻璃的紫外可见光谱透射率

由图 4.5 可知,厚度为 3 mm 和 5 mm 的浮法玻璃在测试光谱范围内透光性能较好,但随波长增加有所减弱,而且两者差距增大,在所测波长范围内 3 mm 厚玻璃的光谱透射率要大于 5 mm 厚玻璃。在 380 ~ 600 nm 波段范围内,厚度为 3 mm 和 5 mm 浮法玻璃的透射率均达到了 88%,但在 600 ~ 850 nm 波段范围内其透射率均缓慢递减至 78%,在 850 ~ 900 nm 波段范围内其透射率缓慢升至 0.85。

图 4.6 为辐射光谱通过玻璃界面时产生的透射光谱和反射光谱,通过双厚度法可知,分别测试某一波长 λ 范围内两块不同厚度(L_1、L_2)玻璃的透射率 T_1、T_2 进而来反演出所需的光学常数。

假设玻璃材料的界面反射率为 ρ,半透明材料的吸收系数为 α,根据 OCSIM 模型可知单层窗口的法向透射比 T、法向反射比 R 分别为

$$T = \frac{I}{I_0} = \frac{(1-\rho)^2 \mathrm{e}^{\frac{-4\pi kL}{\lambda}}}{1 - \rho^2 \mathrm{e}^{\frac{-8\pi kL}{\lambda}}} \tag{4.1}$$

$$R = \rho + \frac{(1-\rho)^2 \rho \mathrm{e}^{\frac{-8\pi kL}{\lambda}}}{1 - \rho^2 \mathrm{e}^{\frac{-8\pi kL}{\lambda}}} \tag{4.2}$$

半透明材料的吸收系数为

$$\alpha = \frac{4\pi k}{\lambda} \tag{4.3}$$

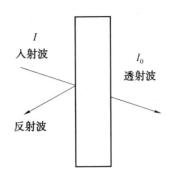

图 4.6 单层玻璃光谱传输模型

I— 入射的辐射强度 ;I_0— 透过的辐射强度

由 Fresnel 定律可知界面反射率为

$$\rho = \frac{(n-1)^2 + k^2}{(n+1)^2 + k^2} \tag{4.4}$$

两块不同厚度(L_1、L_2) 玻璃的透射率 T_1、T_2 分别为

$$T_1 = \frac{(1-\rho)^2 \mathrm{e}^{\frac{-4\pi k L_1}{\lambda}}}{1 - \rho^2 \mathrm{e}^{\frac{-8\pi k L_1}{\lambda}}} \tag{4.5a}$$

$$T_2 = \frac{(1-\rho)^2 \mathrm{e}^{\frac{-4\pi k L_2}{\lambda}}}{1 - \rho^2 \mathrm{e}^{\frac{-8\pi k L_2}{\lambda}}} \tag{4.5b}$$

由式(4.4) 可知界面反射率为

$$\rho = \frac{1 - \sqrt{T_1^2 + T_1 \left(\mathrm{e}^{\frac{4\pi k L_1}{\lambda}} - \mathrm{e}^{\frac{-4\pi k L_1}{\lambda}}\right)}}{1 + T_1 \mathrm{e}^{\frac{-4\pi k L_1}{\lambda}}} \tag{4.6}$$

由式(4.5b) 可计算得到吸收指数为

$$k = \frac{\lambda}{4\pi L_2} \ln \frac{1 + \sqrt{1 + 4c^2 \rho^2}}{2m} \tag{4.7}$$

其中

$$m = \frac{T_2}{(1-\rho)^2} \tag{4.8}$$

由式(4.4) 可计算得出折射率为

$$n = \frac{(1+\rho) + \sqrt{(1+\rho)^2 - (1-\rho)^2(1+k^2)}}{1 - \rho} \tag{4.9}$$

通过 OCSIM 模型反演出玻璃材料的光学常数,并将所得结果与文献的数据进行对比,如图 4.7 所示。

由图 4.7 可知,在测试光谱范围内,玻璃的吸收指数在 10^{-7} ~ 10^{-5},其中在

330 ~ 420 nm 波段范围内吸收指数从 8×10^{-6} 递减至 4×10^{-7},而在420 ~ 860 nm 波段范围内吸收指数从 4×10^{-7} 递增至 6×10^{-6}。 玻璃的折射率在 1.42 ~ 1.75,在 500 ~ 860 nm 波段范围内折射率由1.57缓慢递增至1.75。同时由图可知,反演结果与文献的结果随波长变化趋势基本一致,但结果明显大于文献值,其原因可能是实验测试所用窗口玻璃的原料成分、生产工艺不同。

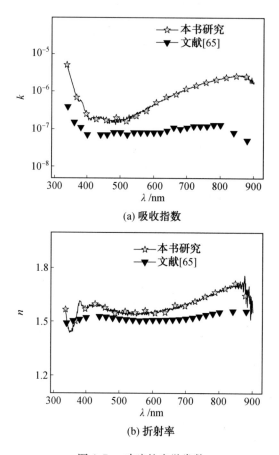

(a) 吸收指数

(b) 折射率

图4.7　玻璃的光学常数

结合玻璃的光学常数和式(4.3)、式(4.4),计算获得其在380 ~ 900 nm 光谱范围内的反射率和吸收系数。玻璃材料的热辐射物性参数如图4.8所示。

在本实验中影响石英玻璃光学常数反演精度的主要因素为透射光谱的重复性测量误差。相同状况下4次重复测量3 mm、5 mm 厚石英玻璃的透射光谱,同一波长下测量的透射光谱值为$X_i (i = 1, 2, \cdots, n)$,则该波长下单次测量的标准差为

$$\sigma_1 = \sqrt{\frac{\sum\limits_{i=1}^{n} (X_i - \bar{X})^2}{n-1}} \tag{4.10}$$

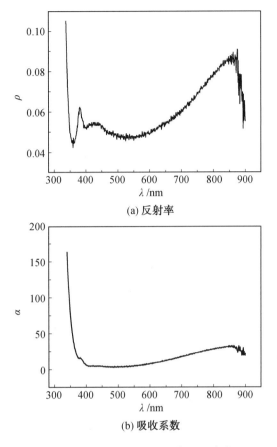

(a) 反射率

(b) 吸收系数

图 4.8   玻璃材料的热辐射物性参数

其中, $\bar{X}$ 为样本算术平均值, 即

$$\bar{X} = \frac{1}{n} \sum_{i=1}^{n} X_i \tag{4.11}$$

则重复性测量的不确定度为

$$u_{s1} = \frac{\sigma_1}{\sqrt{n}} \tag{4.12}$$

其结果的相对不确定度为

$$u_{1,s} = \frac{u_{s1}}{\bar{X}} \tag{4.13}$$

玻璃透射光谱重复性测量的不确定度如图 4.9 所示。由图可以看出, 透射光谱重复性测量引入的相对不确定度基本维持在 0.05% 左右, 最大不确定度优于 0.05%。透射光谱重复性测量的相对不确定度越大, 利用反演光学常数计算的透射比误差越大, 由此说明透射光谱重复性测量相对不确定度是影响光学常数反演的关键因素。

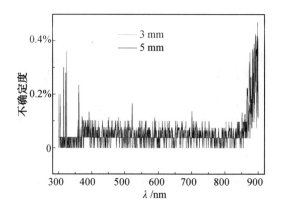

图 4.9　玻璃透射光谱重复性测量的不确定度

4.1.3　石蜡的光学物性

如图 4.10 所示,测试石蜡材料光谱特性的光学腔由玻璃、石蜡及玻璃 3 层结构组成,假设石蜡层两侧的玻璃厚度均为 D,石蜡层厚度为 L。只要测试出玻璃厚度 D 相同,测试出两种不同厚度石蜡层(L_1、L_2)的封装石蜡层的玻璃窗口材料的透射光谱,并根据李栋等人提出的基于蒙特卡洛法(MC)和简化方程迭代法(SEI)这两种方法都能反演获得半透明液体的光学常数,但其使用条件为空腔透射率必须大于填充相变材料玻璃腔的透射率。空腔和填充石蜡的紫外可见光光谱透射率如图 4.11 所示。由图可知,填充石蜡层光学腔的透射率较空腔出现增大现象。为此,本书提出一种新的测试半透明材料透射率的"双厚度"法模型,再用玻璃光学物性反演中的双厚度模型来获得石蜡材料的光学物性。

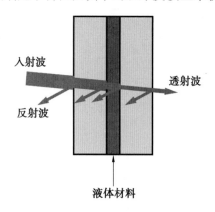

图 4.10　填充液状石蜡腔光谱传输模型

测试 3 组不同厚度 L_{PCM1}、L_{PCM2}、L_{PCM3}($L_{PCM1} < L_{PCM2} < L_{PCM3}$)的填充石蜡材料玻璃腔的透射率 $T_{gl-PCM1}$、$T_{gl-PCM2}$、$T_{gl-PCM3}$($T_{gl-PCM1} > T_{gl-PCM2}$, $T_{gl-PCM1} > T_{gl-PCM3}$),比值获得厚度为 L_1、L_2 的石蜡层光谱透射率 T_1、T_2。"双厚度"法新模型计算过程为

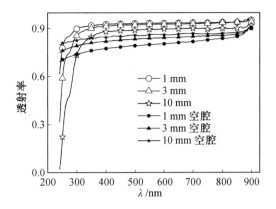

图 4.11　空腔和填充石蜡的紫外可见光光谱透射率

$$L_1 = L_{PCM2} - L_{PCM1} \tag{4.18}$$

$$L_2 = L_{PCM3} - L_{PCM1} \tag{4.19}$$

$$T_1 = \frac{T_{gl-PCM2}}{T_{gl-PCM1}} \tag{4.20}$$

$$T_2 = \frac{T_{gl-PCM3}}{T_{gl-PCM1}} \tag{4.21}$$

图 4.12 为填充石蜡厚度为 0.2 mm、0.5 mm 和 1 mm 光学腔的透射率。由图可见,在 540 ~ 900 nm 波段范围内,填充液状石蜡光学腔的光谱透过性很好,光谱透射率大于 0.5,石蜡厚度越薄,其光谱透射率越高,在 870 nm 处达到了峰值;但在紫外波段,含石蜡层玻璃腔的光谱透射率几乎为零。

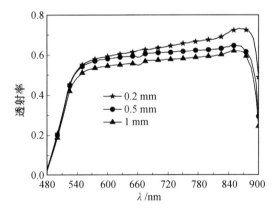

图 4.12　填充石蜡光学腔的透射率

借助式(4.20) 和式(4.21) 获得的两组厚度为 L_1、L_2 的石蜡层光谱透射率 T_1、T_2,如图 4.13 所示。由图可知,大部分波段范围内石蜡的光谱透过性很好,光谱透射率大于 0.8,在 870 ~ 900 nm 波段范围内石蜡材料的光谱透射率递减,0.3 mm 厚度的石蜡光谱透射率较 0.8 mm 厚度的大。

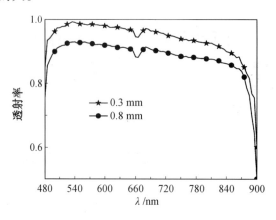

图 4.13　石蜡的透射率

液状石蜡的吸收指数和折射率如图 4.14 所示。由图 4.14 可知,在测试大部分波段范围内,液状石蜡的吸收指数在 $(5 \times 10^{-6}) \sim (5 \times 10^{-5})$,但在 $860 \sim 900$ nm 波段范围内其吸收指数大于 10^{-5};液状石蜡的折射率在 $1.16 \sim 1.67$,且随着波长的增加而有所变大。

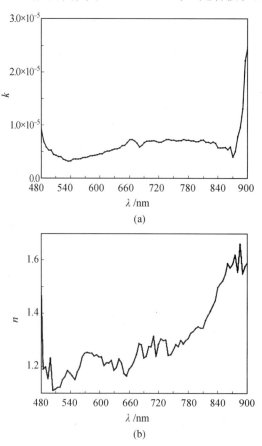

图 4.14　液状石蜡的吸收指数和折射率

　　填充石蜡腔体透射光谱重复性测量的不确定度如图 4.15 所示。由图可知,1 mm 石蜡腔体重复性测量引入的不确定度在 0.2% 左右,0.5 mm 石蜡腔体重复性测量引入的不确定度在 0.3% ~ 0.6%,0.2 mm 石蜡腔体重复性测量引入的不确定度在 0.8% ~ 1.1%,透射光谱重复性测量引入的相对不确定度最大值优于 1.1%。光学腔的厚度越薄,透射光谱的重复性测量引入的相对不确定度越大,利用反演光学常数计算的透射比误差越大。

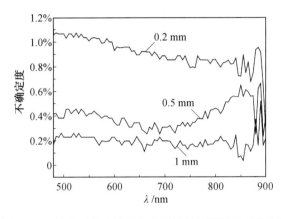

图 4.15　填充石蜡腔体透射光谱重复性测量的不确定度

4.2　含石蜡层玻璃结构光热传输实验

　　在双层玻璃内填充石蜡,合理布置热电偶和辐射检测表,通过 Agilent 温度数据采集仪和辐射数据自计仪分析了含石蜡层玻璃结构的光谱透射率与温度。

4.2.1　室内实验测量平台

　　如图 4.16 所示,含石蜡层玻璃结构光热传输室内测量平台主要包括光源系统、含石蜡层玻璃结构和数据采集系统,其中数据采集系统在计算机及配套软件的辅助下正常运行。

1. 光源系统

　　光源系统为 TRM – PD 人工太阳模拟器,购自锦州阳光气象科技有限公司,包括主机和氙灯两个主要部件,开启设备使氙灯所发射的光线可替代太阳光实现室内太阳光模拟实验工作。

　　该装置在供电电压 220 ± 20 V AC 下工作,功率为 3 kW,启动电流为 35 A,稳定后的工作电流为 14 A,再次触发时间为 5 ~ 10 s,操作过程中一定要注意用电安全并保证氙灯

图 4.16 实验台

上无水渍或者灰尘,以免触发时导致氙灯爆裂。该型号模拟器的氙灯辐射发光面积为 0.5 m × 0.2 m,距离光源 1 m 以内的光照均匀值在 ±5% 以内,光谱范围为 280 ~ 3 000 nm,光照强度为 200 ~ 1 200 W/m²,光照强度和聚光方式可调节。实验开始时先通电使主机和风扇运转 3 min 后,待周围环境温度、气流达到稳定时再开启氙灯。实验结束后,先关闭氙灯,保持主机和风扇继续运行,使氙灯散热冷却 10 min 后关闭主机和风扇并断开电源。

2. 含石蜡层玻璃结构

含石蜡层玻璃结构为两块 4 mm 浮法玻璃胶合而成的 4.5 mm、5.5 mm 和 9 mm 3 种厚度的光学腔(图 4.17),内填充相变点为 306 K(33 ℃)的石蜡,并在石蜡层布上标定好的热电偶。

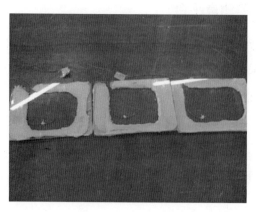

图 4.17 封装和填充的含石蜡层玻璃结构(腔内宽度分别为 4.5 mm、5.5 mm、9 mm)

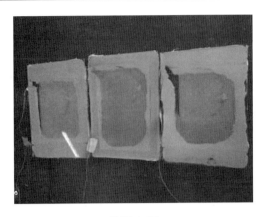

续图 4.17

3. 数据采集系统

数据采集系统主要由热电偶、温度巡检仪、辐射采集仪等组成。其中,热电偶用来测量室内环境和玻璃温度,温度巡检仪用来获取温度数据,辐射采集仪用来采集辐射强度。

(1)热电偶。

热电偶布置在含石蜡层玻璃窗口材料的上下两侧和石蜡层,测试其环境温度和人工太阳模拟器的辐照下石蜡层温度。

(2)温度巡检仪。

Agilent 温度数据采集仪可接入 3 个热电偶插片,每个插片可接入 20 根热电偶,相关参数的设置可以借助计算机在 Agilent 温度数据采集软件上进行修改。

(3)辐射采集仪。

图 4.18 所示为辐射采集仪,购自锦州阳光气象科技有限公司,其包括 TBQ - 4 - 5 分光谱辐射表和 QTS - 4 辐射数据自计仪。

(a) TBQ-4-5 分光谱辐射表

图 4.18　辐射采集仪

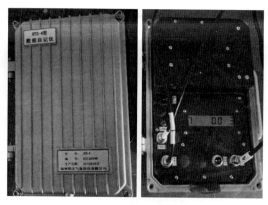

(b) QTS-4 辐射数据自计议

续图 4.18

TBQ－4－5 分光谱辐射表光谱范围分别为 280 ~ 3 000 nm、400 ~ 3 000 nm、500 ~ 3 000 nm、600 ~ 3 000 nm 和 700 ~ 3 000 nm，对应的测试灵敏度分别为 8.55 μV/(W·m^{-2})、9.238 μV/(W·m^{-2})、10.815 μV/(W·m^{-2})、11.193 μV/(W·m^{-2}) 和 10.596 μV/(W·m^{-2})。

辐射自计仪测试范围为 0 ~ 2 000 W/m^2，测试精度为 ± 1 W/m^2，最短监测周期为 1 min。

4.2.2　实验结果及分析

1. 无石蜡层玻璃结构

实验操作步骤如下：

（1）在图 4.16 所示的实验台上距离 TRM－PD 人工太阳模拟器 0.6 m 的位置平稳放置光谱范围为 280 ~ 3 000 nm 的分光谱辐射表，调节辐射自计仪计数周期为 1 min，灵敏度为 8.55 μV/(W·m^{-2})。

（2）为保持 TRM－PD 人工太阳模拟器工作电压稳定，需首先接通其电源预热 3 min 后再触发 TRM－PD 人工太阳模拟器，并调挡至辐射强度 1 100 W/m^2。

（3）观察辐射自计仪显示辐射强度，待显示数据保持在 1 100 W/m^2 波动时，在分光谱辐射表正上方水平放置 4.5 mm 厚度的实验用玻璃结构，开始记录光谱辐射强度 P_i。

同理，在测试 5.5 mm、9 mm 厚度玻璃结构时，只需更改（3）步骤设置不同厚度玻璃结构。

玻璃结构的透射率可近似表达为

$$T_i = \frac{P_i}{1\ 100\ \text{W/m}^2} \tag{4.22}$$

式中　　P_i——i 时刻辐射表显示的辐射强度;

　　　　T_i——i 时刻玻璃结构的透射率。

　　3 种厚度无石蜡层玻璃结构透射率如图 4.19 所示。由图可知,玻璃结构越薄,透射率越大,但 3 种厚度下的透射率相差较小。在 0 ~ 6 min,3 种厚度空腔的透射率均降低了 5%;在 6 ~ 10 min,3 种厚度空腔的透射率分别稳定在 0.487、0.481 和 0.468。其原因在于玻璃结构内的空气层在一定程度上降低了透过封装玻璃窗口材料的光谱能量,而且空气中含有水分,导致空气层厚度越大其透过能量越低。由于放置玻璃结构后,辐射表探头温度改变缓慢,其显示值较大,故在前 6 min 内透射率大;而当辐射表探头温度降下来时,其受到的辐射强度趋于稳定,故在 6 ~ 10 min 透射率基本维持不变。

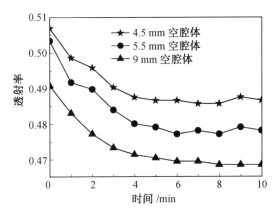

图 4.19　3 种厚度无石蜡层玻璃结构透射率(辐射强度为 1 100 W/m²)

2. 含石蜡层玻璃结构

实验操作步骤如下:

(1) 在图 4.16 所示的实验台上距离 TRM – PD 人工太阳模拟器 0.6 m 的位置平稳放置光谱范围为 280 ~ 3 000 nm 的分光谱辐射表,调节辐射自计仪计数周期为 1 min,灵敏度为 8.55 μV/(W·m⁻²)。

(2) 为保持 TRM – PD 人工太阳模拟器工作电压稳定,需首先接通其电源预热 3 min后再触发 TRM – PD 人工太阳模拟器,并调挡至辐射强度 1 100 W/m²。

(3) 观察辐射自计仪显示辐射强度,待显示数据保持在 1 100 W/m² 波动时,在分光谱辐射表正上方水平放置 4.5 mm 厚度的实验用含石蜡层玻璃结构,开始记录光谱辐射强度 P_i。

　　同理,在测试 5.5 mm、9 mm 厚度含石蜡层玻璃结构时,只需更改步骤(3)设置不同厚度含石蜡层玻璃结构。

　　3 种厚度石蜡层玻璃结构透射率如图 4.20 所示。由图可知,石蜡层越薄,其透射率越大,但稳定后3种厚度石蜡玻璃结构透射率相差较小,其相对误差在10%以内。在测试时间段内,4.5 mm 和5.5 mm 厚度的石蜡层玻璃结构透射率变化趋势基本一致,在0～8 min 两种厚度石蜡层玻璃结构透射率均低于0.2;在8～15 min,两种厚度的石蜡层玻璃结构透射率明显增加;在15～30 min,二者的光谱透射率基本维持在0.45。9 mm 厚度石蜡层玻璃结构在0～10 min,其透射率在0.12左右;在10～25 min,透射率缓慢增至0.4;在25～30 min,其透射率维持在0.4。这是由于玻璃腔内石蜡层厚度影响其透射率,石蜡层厚度大,透过能量低,稳定状态后其光谱透射率越小;但是4.5 mm 和5.5 mm 石蜡厚度相差较小,故其光谱变化基本一致。在同种辐射条件下,4.5 mm 和5.5 mm 石蜡熔化所需时间较短,而9 mm 石蜡全部熔化需要25 min,从而导致其光谱变化较慢。

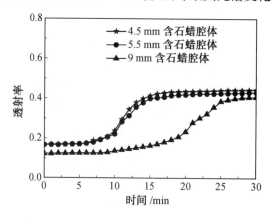

图4.20　3种厚度含石蜡层玻璃结构透射率(辐射强度1 100 W/m²)

3种厚度含石蜡层玻璃结构内石蜡温度及其玻璃结构表面温度如图4.21所示。由图可知,靠近光源的石蜡玻璃结构表面温度基本维持在33 ℃,而其下部环境温度保持在19 ℃左右。在测试时间段内,石蜡层越薄,其温度越高,而且4.5 mm 和5.5 mm 厚度石蜡层温度变化趋势基本一致,在0～20 min,两种厚度石蜡层温度显著升高,由初始温度16 ℃升高至65 ℃左右,并在20～30 min 基本维持不变。9 mm 厚度石蜡层温度在0～27 min,由初始温度16 ℃升高至65 ℃,在27～30 min 内基本保持不变。上述现象的主要原因是玻璃结构内石蜡厚度影响了石蜡层的温度,石蜡厚度越大,其熔化所需能量越多;由于4.5 mm 和5.5 mm 石蜡层厚度相差较小,故其石蜡层温度变化趋势基本一致,而且在同种光照条件下所需时间较短,但是厚度较大的9 mm 石蜡层需要27 min 才全部熔化。

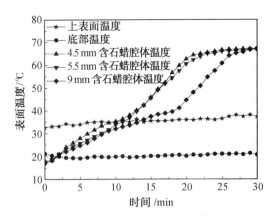

图 4.21　3 种厚度含石蜡层玻璃结构内石蜡温度及其玻璃结构表面温度(辐射强度为 1 100 W/m^2)

4.3　本章小结

测试了玻璃材料的光谱特性,基于"双厚度"法反演了其光学常数,计算其热辐射物性参数。针对石蜡材料的增透现象,发展了一种"双厚度"法的新模型,实验测量和反演得到了液态石蜡的光学物性,设计了含石蜡层玻璃结构光热传输室内测量平台,进行了含石蜡层玻璃结构光热传输实验。

(1)玻璃透光性能较好,但波长增加,透光性有所减弱。玻璃吸收指数在 10^{-7} ~ 10^{-5}:在 330 ~ 420 nm 波段范围内吸收指数从 8×10^{-6} 递减至 4×10^{-7},在 420 ~ 860 nm 波段范围内吸收指数从 4×10^{-7} 递增至 6×10^{-6}。玻璃的折射率在 1.42 ~ 1.75。

(2)在 540 ~ 900 nm 波段范围内,填充液状石蜡玻璃结构的光谱透过性较好,其光谱透射率大于 50%,而且石蜡厚度越薄,其光谱透射率越高。液状石蜡的吸收指数在 (5×10^{-6}) ~ (5×10^{-5}),但 860 ~ 900 nm 波段范围吸收指数大于 10^{-5};液状石蜡的折射率在 1.16 ~ 1.67,且随波长增加而增大。

(3)不同厚度空腔玻璃结构的透射能量相差较小,而填充石蜡层后玻璃结构的透射能量发生显著改变,石蜡厚度越大,其内部温度在熔化阶段越低,当全部熔化后 4.5 ~ 9 mm 石蜡层温度分布基本一致。

第 5 章　含石蜡玻璃幕墙围护结构光热传输实验

本章搭建了严寒地区含石蜡层玻璃幕墙围护结构光热传输室外实验装置,测量了大庆地区典型天气的太阳辐射强度和环境温度,通过实验分析了传统玻璃幕墙围护结构和含石蜡层玻璃幕墙围护结构的传热特点,并探讨了两种石蜡材料熔化范围对其光热传输的影响。

5.1　幕墙围护结构室外实验装置

含石蜡层玻璃幕墙围护结构光热传输室外实验装置位于东北石油大学土木建筑工程学院的楼顶天台。本实验装置主要包括 3 组对比实验房、分光谱辐射表、辐射自计仪、T 型热电偶、安捷伦温度巡检仪、计算机等。其中,实验房外部尺寸为 860 mm × 960 mm × 1 200 mm、内部尺寸为 580 mm × 840 mm × 930 mm,如图 5.1 所示。

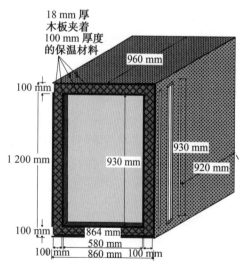

(a) 实验房结构原理图

(b) 实验房实物图

图 5.1　实验装置图

如图 5.1 所示,标记 3 组实验实物图由右至左依次为 1#、2#、3#,实验房朝南向阳侧为玻璃幕墙类通道,该通道宽度为 145 mm,前后两侧为 4 mm 浮法玻璃,其中 1#、2# 实验房幕墙类通道中间层为两块 4 mm 浮法玻璃夹着 5.5 mm 厚度的石蜡层,石蜡材料购于上海焦耳蜡业有限公司,1# 石蜡层的相变点为 299 K(26 ℃)、相变潜热为 224 kJ/kg,2# 石蜡层的相变点为 305 K(32 ℃)、相变潜热为 238 kJ/kg。

5.1.1　实验仪器和材料

实验所用仪器设备及材料见表 5.1。

表 5.1　实验所用仪器设备及材料

仪器名称	型号/规格	生产厂家/品牌
温度数据采集仪	Agilent34970A	美国 Agilent 公司
分光谱辐射表	TBQ－4－5	锦州阳光气象科技有限公司
辐射数据自计仪	QTS－4	锦州阳光气象科技有限公司
热电偶	T 型	自制
浮法玻璃	厚度 4 mm	建材市场购置
细木工木板	厚度 18 mm	建材市场购置
聚氨酯发泡剂	750 mL	窗友牌
玻璃胶	360 g	枫叶牌
聚苯乙烯泡沫板	厚度 100 mm	建材市场购置

5.1.2　实验方案

实验装置运行原理图如图 5.2 所示。

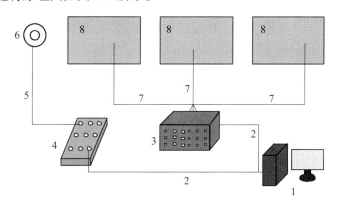

图 5.2　实验装置运行原理图

1— 计算机;2— 数据传输线;3— 安捷伦温度巡检仪;4— 辐射自计仪;5— 辐射采集传输线;

6— 分光谱辐射表;7—T 型热电偶;8—3 组对比实验房

如图 5.2 所示,安捷伦温度巡检仪通过 T 型热电偶对 3 组对比实验房幕墙通道及室内外实时温度数据进行监测,同时辐射自计仪记录下分光谱辐射表所接受到的瞬时太阳辐射,由计算机自动记录下辐射和温度数据,其中温度巡检仪和辐射自计仪记录周期为10 min。

实验房各处热电偶布置状况如图5.3所示。图中,T_1为测试环境温度;T_2、T_4分别为幕墙内相变层两侧的空气层温度;T_3为相变层的温度;T_5为幕墙室内侧温度;T_6为实验房室内温度。

实验房幕墙内侧热流密度可近似表示为

$$q_i = \alpha_i(T_5 - T_6) \tag{5.1}$$

式中　　q_i——室内热流密度,W/m²;

　　　　α_i——空气的耦合换热系数,根据文献可知,$\alpha_i = 7.43\ \mathrm{W \cdot (m \cdot K)^{-1}}$。

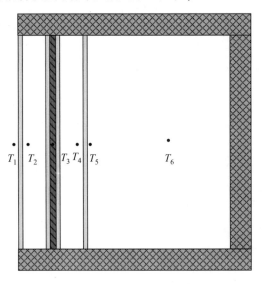

图5.3　实验房各处热电偶布置状况

5.2　实验结果分析

实验测试时间自2015年9月21日开始进行常年周期性监测,选取其中具有代表性秋、冬季晴朗及其他天气数据进行分析。图5.4所示为晴朗天气下石蜡相变过程的照片。

由图5.4可以看出,填充石蜡幕墙在熔化前呈现白色不透明状态,并且其内部石蜡呈现出多孔特性。在晴朗天气下,幕墙中石蜡开始由四周开始熔化,然后慢慢向中间过渡。同时由图可见,当低相变点的1#实验房幕墙内石蜡熔化呈半透明状态时,高相变点的2#

(a) 相变前

(b) 相变中

(c) 相变后

图 5.4　晴朗天气下石蜡相变过程的照片

实验房幕墙内石蜡刚开始从四周熔化。

5.2.1　秋季工况

图 5.5 为监测时段内多云、雨天、晴天 3 种秋季天气状况下太阳辐射强度与温度测量数据。多云天气时(2015 年 9 月 24 日),由于云彩遮挡,太阳辐射强度存在一定的波动;阴雨天气时(2015 年 10 月 17 日)太阳辐射强度小于 180 W/m²;晴朗天气时(2015 年 10 月 8 日),太阳辐射强度在正午达到峰值 786 W/m²。在多云和晴朗天气下室外温度的峰值较太阳辐射强度的峰值延迟 1.5 h,说明了太阳辐射强度对环境温度的升高有促进作用。

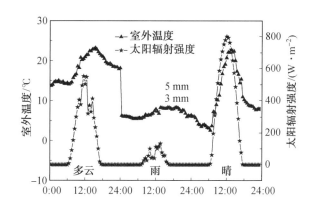

图 5.5　太阳辐射强度和室外温度(秋季)

图 5.6 所示为 1# 和 2# 实验房幕墙内石蜡层及 3# 实验房幕墙内空气层温度分布,结合图 5.5 可知,3# 幕墙空气层温度和 1# 和 2# 相变石蜡层温度明显不同:

(1) 在雨天,由于室外温度较低且变化趋势平稳,而且太阳辐射强度低于 180 W/m²,导致 3 组对比数据仅在中午时段上升且峰值在 15 ℃ 左右,其他时段均低于 10 ℃,其中 3# 实验房无相变材料夹层造成散射光线可直接加热空气,而 1#、2# 实验房石蜡吸热并蓄热,故中午时段 3# 实验房幕墙内空气温度较 1#、2# 实验房石蜡层温度高 4 ℃。

(2) 多云天气下,由于室外温度较高,中午时段峰值温度达到 24 ℃,且昼夜温差仅

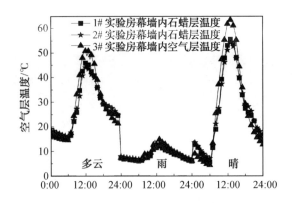

图 5.6 1#、2#实验房幕墙内石蜡层及 3#实验房幕墙内空气层温度分布(秋季)

10 ℃。由于受太阳辐射强度影响,3#实验房幕墙内空气层温度峰值达 52 ℃,并且较 1#、2#实验房石蜡层温度高 8 ℃。1#实验房内石蜡潜热较 2#的大,故正午时段内 1#幕墙内石蜡温度较 2#的高 3 ℃。

(3)晴朗天气下,白天温度峰值达到 23 ℃,夜间最低温度达到 4 ℃,昼夜温差达到 19 ℃,夜间检测温度最小值为 3 ℃。但在太阳辐射作用下,中午时刻 3#幕墙内空气层温度达到 63 ℃,较 1#、2#幕墙石蜡温度高 11 ℃,而 1#幕墙石蜡层温度较 2#的高 2 ℃。

通过对 3 种天气状况下的相关参数对比可知:各工况下夜间测试温度数据与环境温度变化趋势基本一致,而雨天幕墙内空气层与石蜡层温度与环境温度变化趋势基本吻合,说明阴雨天气下环境温度对幕墙内空气层和石蜡层温度影响较大;中午时段,虽然晴天与多云天气下环境温度相差较小,但晴天时高辐射强度使幕墙内空气层温度与石蜡层明显不同,从而说明太阳辐射强度是影响幕墙内空气层和相变夹层温度的主要因素。

图 5.7、图 5.8 为 3#实验房幕墙空气层,1#和 2#实验房幕墙内表面、室内空气温度分布。由图可见,在不同的天气状况下,1#和 2#实验房幕墙内表面、室内空气温度分布变化趋势基本一致,而未填充石蜡的 3#实验房与其他实验房明显不同,具体表现为:

(1)多云时,在夜间 3#实验房幕墙内表面温度和室内空气温度比 1#、2#实验房低 2 ℃,而在正午 3#实验房幕墙内表面温度和室内空气温度却比 1#、2#实验房高 7 ℃。

(2)雨天时,在夜间 3#实验房幕墙内表面温度和室内空气温度比 1#、2#实验房低 1.5 ℃,而在正午 3#实验房幕墙内表面温度和室内空气温度却比 1#、2#实验房高 3 ℃。

(3)晴天时,在夜间 3#实验房幕墙内表面温度和室内空气温度比 1#、2#实验房低 5 ℃,2#实验房幕墙内表面温度和室内空气温度比 1#实验房高 4 ℃;而在正午 3#实验房幕墙内表面温度和室内空气温度却比 1#实验房高 10 ℃,1#实验房幕墙内表面温度和室内空气温度比 2#实验房高 3 ℃。

图 5.9 为秋季多云、雨天、晴天 3 种天气状况下透过玻璃幕墙内侧的热流密度。由图

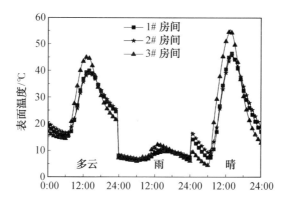

图 5.7 3 组实验房幕墙内表面温度分布(秋季)

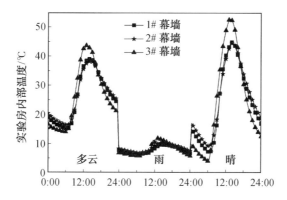

图 5.8 3 组实验房内部温度分布(秋季)

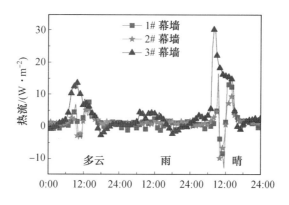

图 5.9 3 组实验房内的热流密度(秋季)

可知,3# 实验房热流密度与 1#、2# 实验房的热流密度显著不同,具体体现为:

(1)多云时,3# 实验房热流密度在正午(约 12:00)达到峰值 15 W/m²,但在日落后(17:00 ~ 20:00)其热流密度呈现负值,这是因为室外温度降低,而此时室内温度变化不大。随着大量的室内热量传到室外,造成室内温度与室外温度基本一致,使得 20:00 ~ 次日 6:00 的热流密度基本为 0 W/m²。由于石蜡的吸热熔化导致 1#、2# 实验房幕墙内侧温度明显低于其室内温度,从而导致其热流密度在 12:00 为负值,并且随着 1#、2# 实验房吸收太阳能辐射的增加及石蜡层的熔化,其幕墙内侧温度开始高于其室内温度,使得其热流密度为正值。

(2)雨天时,同 3# 实验房相比,含石蜡层实验房热流密度波动范围明显减小,其原因在于石蜡层增加了其维护结构的蓄热能力。

(3)晴天时,在 6:00 ~ 11:30,在室外温度和太阳辐射强度的影响下,3# 实验房热量由室外向室内传递且其热流密度为正,约在 11:30 达到峰值 32 W/m²,而在 12:00 ~ 18:00,随室外温度降低和太阳辐射强度减小,其热流密度随之减小。同时由图可知,在晴天时,石蜡对实验房热流密度的影响更为明显,1#、2# 实验房在中午时段热流密度为负值且达到峰值,为 - 12 W/m²。

5.2.2 冬季工况

图 5.10 为 2015 年 11 月 14 日、11 月 15 日、11 月 17 日监测时段内多云、雪、晴 3 种天气状况下的太阳辐射强度与温度测量数据。由图可知,在多云天气(2015 年 11 月 14 日),由于云彩遮挡及其变化,太阳辐射强度存在一定的波动;在雪天(2015 年 11 月 15 日),太阳辐射强度小于 240 W/m²;在晴朗天气(2015 年 11 月 17 日),太阳辐射强度在正午达到了峰值 834 W/m²,室外温度一直处于 0 ℃ 以下。在多云和晴朗天气下,室外温度的峰值时间比太阳辐射强度峰值时间多了 1 h,说明太阳辐射强度对环境温度升高有明显的促进作用。

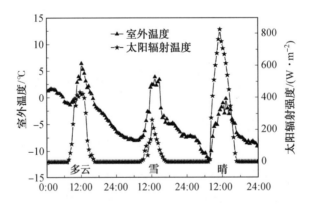

图 5.10　太阳辐射强度和室外温度(冬季)

图 5.11 为 1# 和 2# 实验房幕墙内石蜡层及 3# 实验房幕墙空气夹层温度,由图可知,3# 幕墙内空气层温度、温度明显不同,其具体表现为:

(1)在雪天时,由于太阳辐射多为散射且辐射强度低于 240 W/m²,3 组实验房在上午时段温度均上升且达到峰值,但中午时段 3# 实验房幕墙内空气温度较 1#、2# 实验房石蜡层温度高 3 ℃。

(2) 在多云天气时,由于室外温度达到巅峰时间较晚,以及太阳辐照强度影响较弱,3# 实验房幕墙内空气层温度峰值达 46 ℃,较 1#、2# 实验房石蜡层温度高 11 ℃。究其原因是在多云天气下,太阳隐没在云层内,其太阳强度明显减低,导致其温度降低。

(3) 在晴朗天气时,室外环境温度白天峰值达到 0 ℃,但在太阳辐射作用下中午时刻无相变材料夹层的 3# 实验房幕墙内空气层温度达到 47 ℃,比 1#、2# 实验房幕墙内石蜡温度高 12 ~ 14 ℃。

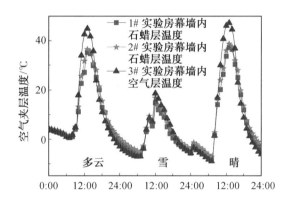

图 5.11 1#、2# 实验房幕墙内石蜡层及 3# 实验房幕墙内空气夹层温度(冬季)

图 5.12 和图 5.13 为 3 组实验房幕墙内侧表面温度和实验房内空气温度。由图可知,多云天气下在夜间时段 3# 实验房幕墙内表面及其内部空气温度同 1#、2# 实验房相比低 1 ~ 5 ℃,但在正午时段内 3# 实验房幕墙内侧表面温度及其内部空气温度同 1#、2# 实验房相比高 7 ~ 10 ℃;在雪天时,在夜间时段 3# 实验房幕墙内侧表面及其内部空气温度同 1#、2# 实验房相比低 1 ~ 4 ℃,而在正午时段内 3# 实验房幕墙内侧表面及其内部空气温度同 1#、2# 实验房相比高 4 ~ 6 ℃;晴朗天气时,在夜间时段 3# 实验房幕墙内侧表面及其内部空气温度同 1#、2# 实验房相比低 3 ~ 5 ℃,而在正午时段 3# 实验房幕墙内侧表面温度及其内部空气温度同 1#、2# 实验房相比高 8 ~ 11 ℃。

图 5.14 为冬季多云、雪、晴 3 种天气状况下 3 组实验房幕墙内侧热流密度。由图可知,不同天气状况下 3# 实验房热流密度与 1#、2# 实验房有显著的不同;多云天气时 3 组实验房热流密度变化趋势相差较小;而在雪天其变化趋势却不同,这是受部分太阳散射的影响;在晴天时,在室外温度和太阳辐射强度的影响下,3 组实验房热流密度在中午时刻显著不同,而在无太阳时刻其差距较小,其原因在于晴天石蜡层吸收的能量满足最大潜热后其温度在一定时间段内变化得缓慢,而透过石蜡层的太阳辐射强度使室内温度升高。

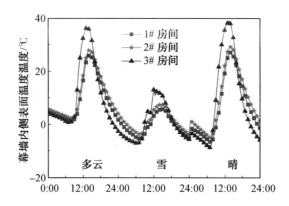

图 5.12　3 组实验房幕墙内侧表面温度(冬季)

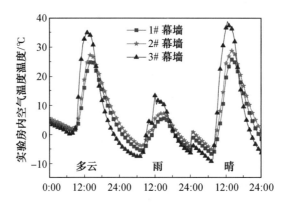

图 5.13　3 组实验房内空气温度(冬季)

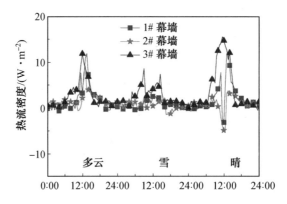

图 5.14　3 组实验房幕墙内侧热流密度(冬季)

5.3　本章小结

本章首先介绍了实验装置、测量设备和实验方案,进行了秋(冬)季在多云、雨(雪)、晴 3 种工况下的 3 组实验房实验,获得了其室内外、幕墙内空气层、石蜡层温度及太阳辐射强度数据,并计算了实验房幕墙内侧热流密度。然后结合实验数据,分析了传统玻璃幕墙围护结构和含石蜡层玻璃幕墙围护结构的传热特点,探讨了两种石蜡材料熔化范围对其传热的影响。

(1)在晴朗天气,室外温度峰值出现时间比太阳辐射强度峰值时间多了 1 ~ 1.5 h。上午时,与无石蜡层和低熔点石蜡幕墙相比,太阳升起时高熔点石蜡幕墙通道内温度较低,但是其在 16:00 至次日 6:00 比前两种情况高一些。

(2)各工况下夜间测试温度数据与环境温度变化趋势基本一致,而雨天幕墙内空气层与石蜡层温度和环境温度变化趋势基本吻合,说明阴雨天气下环境温度对幕墙内空气层和石蜡层温度影响较大;中午时段,虽然晴天与多云天气下环境温度相差较小,但晴天时高辐射强度使幕墙内空气层温度与石蜡层明显不同,从而说明太阳辐射强度是影响幕墙内空气层和相变夹层温度的主要因素。

(3)冬季在夜间时段无石蜡层实验房幕墙内表面及其内部空气温度同含石蜡层实验房相比低 1 ~ 5 ℃,但在正午时段内其表面温度及其内部空气温度同含石蜡层实验房相比高 7 ~ 10 ℃。

第6章　含石蜡层玻璃通道 光热传输一维仿真

为简化含石蜡层幕墙结构的传热过程,假定幕墙通道内填充石蜡且为无空气层,其传热过程主要发生在厚度方向上,将其计算简化为一维传热过程。在此基础上,本章建立了含石蜡层玻璃通道光热传输的稳态和非稳态一维模型,并分析了辐射强度、石蜡的光学常数和物性参数对含石蜡层玻璃通道光热传输的影响。

6.1　含石蜡层玻璃通道稳态分析

6.1.1　数理模型

含石蜡层玻璃通道传热的一维模型如图6.1所示。仅考虑沿玻璃通道厚度方向的温度变化,玻璃通道厚度为δ,玻璃与石蜡材料皆为纯吸收性半透明介质,玻璃表面为半透明镜反射灰表面,且满足 Fresnel 反射定律,不考虑石蜡材料内部的自然对流,忽略贴近石蜡层两玻璃间的表面辐射。

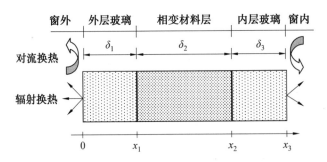

图 6.1　含石蜡材料玻璃通道的一维模型

考虑太阳辐射作用,含石蜡材料玻璃通道内温度受有辐射源项的对流、辐射耦合边界控制,其求解方程如下。

含石蜡玻璃通道传热方程为

$$\alpha \frac{\partial^2 T}{\partial z^2} + \frac{\Phi_i}{\rho \cdot c} = 0 \qquad (6.1)$$

式中　　T——温度；

　　　　Φ_i——太阳短波辐射强度；

　　　　α——热扩散率；

　　　　ρ——密度；

　　　　c——比热容。

含石蜡玻璃通道外表面：

$$-\lambda \frac{dT}{dx} = q_{r,sky} + q_{r,air} + q_{r,ground} + q_{c,out}, \quad x = 0 \qquad (6.2)$$

含石蜡玻璃通道内表面：

$$-\lambda \frac{dT}{dx} = q_{r,in} + q_{c,in}, \quad x = \delta \qquad (6.3)$$

式中　　$q_{r,sky}$、$q_{r,air}$、$q_{r,ground}$——含石蜡玻璃通道外表面向天空、空气、地面的辐射强度；

　　　　$q_{r,in}$——含石蜡材料玻璃通道内表面与室内墙体之间的辐射强度；

　　　　$q_{c,out}$、$q_{c,in}$——含石蜡玻璃通道内外表面与空气之间所形成的对流强度。

$$q_{r,sky} = \sigma \cdot \varepsilon_{s,o} \cdot F_{sky} \cdot \beta \cdot (T_{eg,o}^4 - T_{sky}^4) \qquad (6.4)$$

$$q_{r,ground} = \sigma \cdot \varepsilon_{s,o} \cdot F_{ground} \cdot (T_{eg,o}^4 - T_{out}^4) \qquad (6.5)$$

$$q_{r,air} = \sigma \cdot \varepsilon_{s,o} \cdot F_{sky} \cdot (1 - \beta) \cdot (T_{eg,o}^4 - T_{out}^4) \qquad (6.6)$$

$$q_{r,in} = \sigma \cdot \varepsilon_{ig,i} \cdot (T_{in}^4 - T_{ig,i}^4) \qquad (6.7)$$

$$q_{c,out} = h_o (T_{eg,o} - T_{out}) \qquad (6.8)$$

$$q_{c,in} = h_i (T_{in} - T_{ig,o}) \qquad (6.9)$$

式中　　σ——玻耳兹曼常量；

　　　　$\varepsilon_{ig,i}$、$\varepsilon_{s,o}$——含石蜡玻璃通道内、外表面的发射率；

　　　　F_{sky}、F_{ground}——含石蜡玻璃通道外表面与天空、外部环境的视角因数；

　　　　β——天空与空气辐射之间的衰减因子，计算方法参照文献[32]；

　　　　$T_{eg,o}$、T_{out} 与 T_{sky}——含石蜡玻璃通道外表面温度、外界环境温度与天空温度；

　　　　$T_{ig,i}$、T_{in}——含石蜡玻璃通道内表面温度与房屋内空气温度。

含石蜡玻璃通道外表面与空气间的对流换热系数为

$$h_{c,0} = \max(h_{c,1}, h_{c,2}) \qquad (6.10a)$$

$$h_{c,1} = 1.52 \cdot |\Delta T|^{1/3} \qquad (6.10b)$$

$$h_{c,2} = 5.62 + 3.9 \cdot v \qquad (6.10c)$$

式中 v—— 风速。

含石蜡玻璃通道内表面与空气的对流换热系数为

$$h_{c,i} = \left\{ \left[1.5 \cdot \left(\frac{\Delta T}{H} \right)^{1/4} \right]^6 + \left[1.23 \cdot (\Delta T)^{1/3} \right]^6 \right\}^{1/6} \tag{6.11}$$

式中 ΔT—— 含石蜡玻璃通道内表面与空气之间的温差;

H—— 含石蜡玻璃通道离地的高度。

6.1.2 模型求解与验证

采用控制容积法对含石蜡材料玻璃通道一维传热方程(6.1)进行离散,得到离散方程为

$$\left[k_{is} \frac{T_{i+1} - T_i}{(\delta x)_{is}} - k_{in} \frac{T_i - T_{i-1}}{(\delta x)_{in}} \right] + \frac{\Phi_i \left[(\delta x)_{is} + (\delta x)_{in} \right]}{2} = 0 \tag{6.12}$$

式中 $(\delta x)_{is}$、k_{is}—— 节点 i 与节点 $i+1$ 的间距和界面当量热导率;

$(\delta x)_{in}$、k_{in}—— 节点 i 与节点 $i-1$ 的值;

Φ_i—— 辐射热源项,代表式(6.1)中等号左端第二项。

太阳辐射强度透过含石蜡玻璃通道,需经过两层玻璃与石蜡相变材料,根据布格尔定律得出源项的表达式为

$$\Phi_i = (I_{i-1 \to i} + I_{i+1 \to i}) - (I_{i \to i+1} + I_{i \to i-1}) n_i^2 / \Delta x_i \tag{6.13}$$

式中 $I_{i-1 \to i}$—— 沿控制体 $i-1$ 方向传到控制体 i 边界处的辐射强度值;

n_i 与 Δx_i—— 控制体 i 的折射率与体积。

石蜡材料在受热过程中会释放相变潜热,由式(6.1)可知,不独立求解石蜡相变层的传热方程,通过显示比热容法利用潜热比热容 $c_{p,m}^*$ 来求解其比热容值,进而求解温度分布,公式如下:

$$c_p^*(T_p) = c_{p,s}, \quad T_p \leqslant T_{p,in} \tag{6.14}$$

$$c_p^*(T_p) = \frac{c_{p,m}^* - c_{p,s}}{T_{p,m} - T_{p,in}} T_p + c_{p,s} - \frac{c_{p,m}^* - c_{p,s}}{T_{p,m} - T_{p,in}} T_{p,in} \tag{6.15a}$$

$$T_{p,in} < T_p \leqslant T_{p,m} \tag{6.15b}$$

$$c_p^*(T_p) = \frac{c_{p,l} - c_{p,m}^*}{T_{p,fi} - T_{p,m}} T_p + c_{p,l} - \frac{c_{p,l} - c_{p,m}^*}{T_{p,fi} - T_{p,m}} T_{p,in} \tag{6.16a}$$

$$T_{p,m} < T_p < T_{p,fi} \tag{6.16b}$$

$$c_p^*(T_p) = c_{p,l}, T_p \geqslant T_{p,fi} \tag{6.17}$$

式中 T_p—— 石蜡温度;

$T_{p,in}$、$T_{p,m}$、$T_{p,fi}$——石蜡熔化初始温度、熔化过程的温度及熔化后的温度;

$c_{p,s}$、$c_{p,l}$——石蜡固态和液态时的比热容。

通过与 3 层材料一维导热问题的解析解以及文献[75]里的参数进行模型验证对比,当辐射源项为零时,本书所研究为一维 3 层导热问题,取 3 层厚度,其中 δ_1、δ_3 为 0.2 m,δ_2 为 0.1 m,边界温度 T_1、T_2 分别为 293 K、353 K,导热计算理论验证结果如图 6.2 所示,程序计算结果与理论值吻合较好。

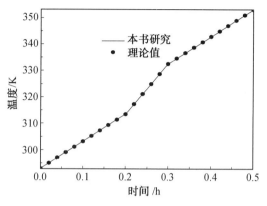

图 6.2　导热计算理论验证结果

文献[75]采用蒙特卡洛法数值模拟了 6 个光谱波段内水体各层对于直射太阳光的吸收率,取水体深度 L 为 20 m,水面反射率 ε_{op} 为 0.9,水的反射率 ε 为 0.9,水的吸收系数 k 为 0.36 m^{-1},折射率 n 为 1.345。半透明辐射计算验证结果如图 6.3 所示,计算结果与文献值基本一致。

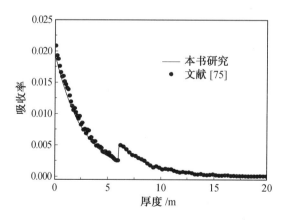

图 6.3　半透明辐射计算验证结果

6.1.3　计算结果与分析

通过选取折射率 n、吸收系数 k,分析含石蜡层玻璃通道的传热情况,玻璃与石蜡材料的物性参数见表6.1。3层材料的厚度 δ_1、δ_2、δ_3 分别为 0.008 m、0.015 m、0.008 m。边界条件为室内温度 T_i、室外温度 T_{out}，分别为 300 K、290 K，风速 v 为 3 m/s，太阳辐射强度 q_r 分别为100 W/m² 、300 W/m² 、500 W/m² 、700 W/m² 和 900 W/m²。

表6.1　玻璃与石蜡材料的物性参数

(a) 热物性参数

		石蜡相变材料			玻璃	
热物性参数	ρ_s	800 kg/m³			ρ_b	2 500 kg/m³
	λ_s	0.2 W/(m·K)				
	$c_{p,s}$	2 500 J/(kg·K)			λ_b	0.96 W/(m·K)
	$c_{p,l}$	2 700 J/(kg·K)			$c_{p,b}$	840 J/(kg·K)
	$c_{p,m}^*$	14 000 J/(kg·K)				
	$T_{p,in}$	28 ℃				
	$T_{p,m}$	33 ℃				
	$T_{p,fi}$	38 ℃				
辐射物性参数	固态	n_g	1.4	k_g/m⁻¹	0.1	n_b	1.41
					1		
			2		10		
	液态	n_l	1.2	k_g/m⁻¹	30	k_b	7.4
					300		
			1.8		3 000		

玻璃通道的半透明特性对其内部温度场的影响如图6.4所示。计算条件为 q_r 分别为 100 W/m² 和 900 W/m²，吸收系数 k_g 和 k_l 分别为 3 000 m⁻¹、10 m⁻¹，30 m⁻¹、0.1 m⁻¹，0 m⁻¹、0 m⁻¹。如图6.4所示，两种太阳辐射强度时，3条曲线都相差很大，太阳辐射强度较大时更明显（ q_r = 900 W/m²），说明是否考虑玻璃通道的半透明性，对于其内部的温度分布有很大影响。

图6.5所示为3种吸收系数时，不同太阳辐射强度情况下，玻璃通道内的温度分布。太阳辐射强度增大，温度逐渐增加，并且在 $q_r \geq 500$ W/m² 时，3种吸收系数时相变层内温度都超过熔化温度 $T_{p,fi}$。与图6.5(a)相比，图6.5(b)和图6.5(c)的温度变化趋势不均匀，尤其是图6.5(b)中，$q_r \geq 300$ W/m² 时的温度场都很接近，q_r = 300 W/m² 时比 q_r = 100 W/m² 时的温度值大很多。以 q_r = 100 W/m² 和 q_r = 300 W/m² 为例，图6.5(a)中外层玻璃层、相变层及内层玻璃层内温度比 q_r = 100 W/m² 时分别平均高出 5.34 K、6.89 K 和 6.69 K，而图6.5(b)中 q_r = 300 W/m² 时外层玻璃层、相变层及内层玻璃层内温度比 q_r = 100 W/m² 时分别平均高出 11.22 K、12 K、10.62 K。说明石蜡相变材料的吸收系数对太阳辐射作用下的玻璃夹层内温度分布有很大影响。

在太阳辐照射强度（ q_r = 100 W/m²、q_r = 900 W/m²）下，相变材料吸收系数温度场的

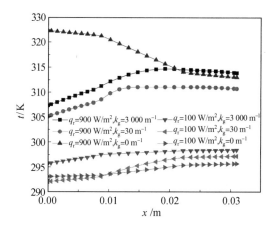

图 6.4 玻璃通道的半透明特性对其内部温度场的影响

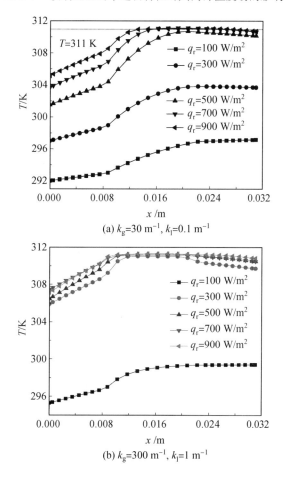

(a) $k_g = 30 \text{ m}^{-1}$, $k_l = 0.1 \text{ m}^{-1}$

(b) $k_g = 300 \text{ m}^{-1}$, $k_l = 1 \text{ m}^{-1}$

图 6.5 不同吸收系数时太阳辐射强度对温度场的影响

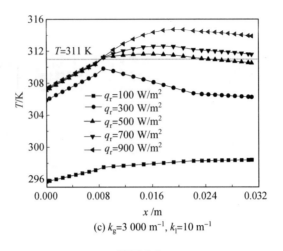

(c) $k_g=3\ 000\ \text{m}^{-1}$, $k_l=10\ \text{m}^{-1}$

续图 6.5

影响如图 6.6 所示。$q_r = 900\ \text{W/m}^2$ 时的 3 条曲线的温度值都比 $q_r = 100\ \text{W/m}^2$ 时大,说明吸收系数越大,温度越高,但在辐照度 $q_r = 100\ \text{W/m}^2$ 且 $x > 0.01\ \text{m}$ 时,$k_g = 300\ \text{m}^{-1}$、$k_l = 1\ \text{m}^{-1}$ 时的温度略大于 $k_g = 3\ 000\ \text{m}^{-1}$、$k_l = 10\ \text{m}^{-1}$ 时的值。这是由于耦合边界条件下,太阳辐射强度较小时,温度场受环境中的对流、辐射作用的影响更大,也说明光照强度越大,石蜡相变材料的吸收系数对玻璃通道内的温度影响越明显。

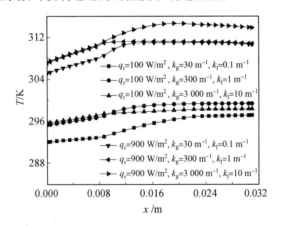

图 6.6   相变材料吸收系数对温度场的影响

在 $k_g = 30\ \text{m}^{-1}$、$k_l = 0.1\ \text{m}^{-1}$ 时分析石蜡的折射率对玻璃通道内温度场的影响,如图 6.7 所示,$q_r = 100\ \text{W/m}^2$、$q_r = 500\ \text{W/m}^2$、$q_r = 900\ \text{W/m}^2$ 时,折射率分别为 $n_g = 1.4$、$n_l = 1.2$ 与 $n_g = 2$、$n_l = 1.8$ 时玻璃通道内部的温度值,其中虚线表示 $n_g = 2$、$n_l = 1.8$ 时的情况,在各辐照度时,折射率越大,玻璃围护结构内部的温度越高。除此之外,在与等温线 $T_{p,fi} = 311\ \text{K}$ 的对比中可以看出,当 $q_r = 500\ \text{W/m}^2$ 时,低折射率时($n_g = 1.4$、$n_l = 1.2$),石蜡相变材料没有熔化;而在高折射率时($n_g = 2$、$n_l = 1.8$),石蜡相变材料已经部分熔化,这说明石

蜡折射率对玻璃通道内的温度变化也有很大影响。

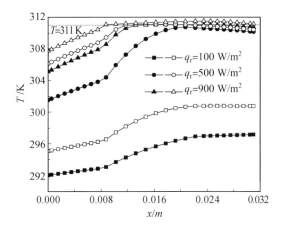

图 6.7　石蜡的折射率对玻璃通道内温度场的影响

　　玻璃通道内太阳光透射率及石蜡层内的液相率变化情况如图 6.8 所示,其中,实心符号表示折射率为 $n_g = 1.4$、$n_1 = 1.2$。空心符号表示折射率为 $n_g = 2$、$n_1 = 1.8$。由图 6.8(a)可知,随着太阳辐射强度的增大,透射率逐渐增加,以 $q_r = 100$ W/m^2 和 $q_r = 700$ W/m^2 为例,低折射率时($n_g = 1.4$、$n_1 = 1.2$),$k_g = 30$ m^{-1},两种情况下透射率的差值为 0.147,而 $k_g = 3\,000$ m^{-1} 时,差值为 0.619;在高折射率时($n_g = 2$、$n_1 = 1.8$),此差值为 0.248,说明折射率和吸收系数对玻璃通道的透射率也有很大影响。图 6.8(b)与图 6.8(a)的曲线变化趋势几乎一致,说明含石蜡相变材料玻璃通道的透光情况与相变层是否熔化有很大关系,这主要是因为一般相变材料固体和液体的吸收系数相差都较大。

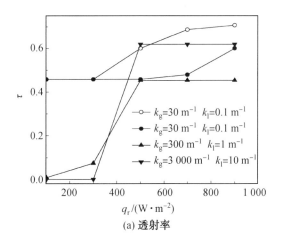

(a) 透射率

图 6.8　玻璃通道内太阳光透射率及石蜡层内的液相率变化情况

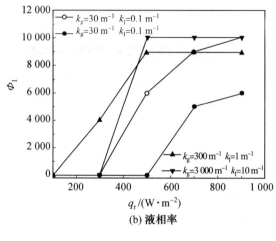

(b) 液相率

续图 6.8

进入房间的热流量如图 6.9 所示，其中空心符号表示折射率为 $n_g = 2$、$n_1 = 1.8$ 的情况，实心符号表示折射率为 $n_g = 1.4$、$n_1 = 1.2$ 时的情况。与温度场的情况相一致，随着太阳辐射强度、相变材料折射率、吸收系数的增大，进入房间的热流量也随之提高。

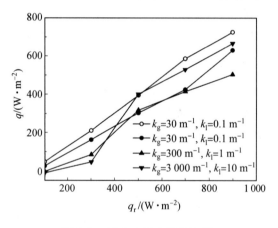

图 6.9　进入房间内的热流量

6.2　含石蜡层玻璃通道非稳态分析

6.2.1　数理模型

含石蜡层玻璃通道模型如图 6.10 所示。考虑玻璃外表面对太阳光的透射、吸收和反射，以及石蜡材料对太阳光的吸收，同时考虑玻璃通道内外表面与环境之间的对流与辐射，其有效透射率及反射率应量化为前后两表面间多次反射及吸收后的结果。

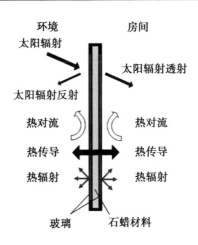

图 6.10　含石蜡材料玻璃通道模型

模型建立时做如下假设：

（1）将玻璃通道内部传热过程简化为一维非稳态传热。

（2）忽略石蜡材料（液态）对流传热。

（3）忽略两个玻璃层之间的辐射传递，认为无论是液态石蜡还是固态石蜡，仅能透过太阳短波辐射。

（4）玻璃和石蜡材料均视为各向同性的均匀介质，材料特性与温度无关，材料的光学特性与波长无关。

（5）相变材料散射效应忽略不计。

含石蜡材料玻璃通道结构布置图如图 6.11 所示，可将含石蜡材料玻璃通道传热过程分为外玻璃层、内玻璃层和中间的相变材料层（石蜡层）3 个区域进行计算。

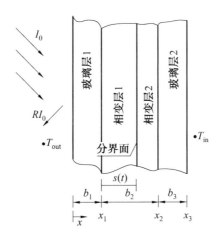

图 6.11　含石蜡材料玻璃通道结构布置图

117

玻璃区域一维非稳态能量方程为

$$\rho_g c_{p,g} \frac{\partial T}{\partial t} = k_g \frac{\partial^2 T}{\partial x^2} + \Phi \tag{6.18}$$

式中　　t——时间，s；

　　　　T——温度，K；

　　　　ρ_g——玻璃的密度，kg/m^3；

　　　　k_g——玻璃的热导率，W/(m·K)；

　　　　$c_{p,g}$——玻璃的质量定压热容，J/(kg·K)；

　　　　Φ——辐射源，W/m^3。

相变材料区域一维非稳态能量方程为

$$\rho_p \frac{\partial H}{\partial \tau} = k_p \frac{\partial^2 T}{\partial X^2} + \Phi \tag{6.19}$$

式中　　H——石蜡的比焓，J/kg；

　　　　ρ_p——石蜡材料的密度，kg/m^3；

　　　　k_p——石蜡材料的热导率，W/(m·K)。

式(6.19)中相变材料比焓计算公式如下：

$$H = \int_{T_{ref}}^{T} c_{p,p} \mathrm{d}T + \beta Q_L \tag{6.20a}$$

$$\beta = 0, \quad T < T_s \tag{6.20b}$$

$$\beta = \frac{T - T_s}{T_1 - T_s} \quad T_s \leqslant T \leqslant T_1 \tag{6.20c}$$

$$\beta = 1, \quad T > T_1 \tag{6.20d}$$

式中　　T_{ref}——参考温度，K；

　　　　$c_{p,p}$——石蜡的质量定压热容，J/(kg·K)；

　　　　Q_L——石蜡材料相变过程的潜热，J/kg；

　　　　β——计算区域内的液相率；

　　　　T_s、T_1——相变材料的熔化初始温度和液相温度，K。

每层的辐射源项计算公式如下：

玻璃层 1 内部的节点

$$\Phi = \frac{A_{g1} I_{sol}}{L_{g1}} \tag{6.21a}$$

相变材料层 1 内部的节点

$$\Phi = \frac{T_{g1} A_{p1} I_{sol}}{L_{p1}} \tag{6.21b}$$

相变材料层 2 内部的节点

$$\Phi = \frac{T_{g1} T_{p1} A_{p2} I_{sol}}{L_{p2}} \qquad (6.21c)$$

玻璃层 2 内部的节点

$$\Phi = \frac{T_{g1} T_{p1} T_{p2} A_{p2} I_{sol}}{L_{p2}} \qquad (6.21d)$$

式中　　I_{sol}——太阳辐射强度,W/m^2;

　　　　T_{g1}、T_{p1}、T_{p2}、T_{g2}——玻璃层 1、相变材料层 1、相变材料层 2 和玻璃层 2 内的透射率;

　　　　A_{g1}、A_p、A_{p2}、A_{g2}——玻璃层 1、相变材料层 1、相变材料层 2 和玻璃层 2 内的吸收率;

　　　　L_{g1}、L_{p1}、L_{p2}、L_{g2}——玻璃层 1、相变材料层 1、相变材料层 2 和玻璃层 2 的厚度,m。

玻璃层内的透射率和吸收率计算如下:

$$T_{g1} = \frac{(1 - \rho_1)(1 - \rho_2) e^{-\alpha_g L_{g1}}}{1 - \rho_1 \rho_2 e^{-2\alpha_g L_{g1}}} \qquad (6.22a)$$

$$A_{g1} = 1 - \rho_1 - \frac{(1 - \rho_1)\rho_2 e^{-2\alpha_g L_{g1}}}{1 - \rho_1 \rho_2 e^{-2\alpha_g L_{g1}}} - T_{g1} \qquad (6.22b)$$

$$T_{g2} = \frac{(1 - \rho_1)(1 - \rho_4) e^{-\alpha_g L_{g2}}}{1 - \rho_1 \rho_4 e^{-2\alpha_g L_{g2}}} \qquad (6.22c)$$

$$A_{g2} = 1 - \rho_4 - \frac{(1 - \rho_4)\rho_1 e^{-2\alpha_g L_{g2}}}{1 - \rho_1 \rho_4 e^{-2\alpha_g L_{g2}}} - T_{g2} \qquad (6.22d)$$

式中　　ρ_1、ρ_2 和 ρ_4——空气和玻璃界面、相变材料层 1 和玻璃层、相变材料层 2 和玻璃层的反射率;

　　　　α_g——玻璃的吸收系数,m^{-1}。

界面满足 Fresnel 反射定律

$$\rho_1 = \frac{(n_g - 1)^2}{(n_g + 1)^2} \qquad (6.23a)$$

$$\rho_2 = \frac{(n_g - n_{p1})^2}{(n_g + n_{p1})^2} \qquad (6.23b)$$

$$\rho_3 = \frac{(n_{p1} - n_{p2})^2}{(n_{p1} + n_{p2})^2} \qquad (6.23c)$$

$$\rho_4 = \frac{(n_g - n_{p2})^2}{(n_g + n_{p2})^2} \qquad (6.23d)$$

式中　n_g、n_{p1} 和 n_{p2}——玻璃、相变材料层 1 与相变材料层 2 的折射率。

外层玻璃外表面直接接受太阳辐射，$x = 0$ 处边界条件如下：

$$- k_g \frac{\partial T}{\partial x} = q_{rad} + h_{out}(T_{out} - T_{a,out}) \tag{6.24}$$

式中　q_{rad}——外层玻璃外表面与外界环境辐射换热强度，W/m^2；

　　　h_{out}——外层玻璃外表面对流换热系数，$W/(m^2 \cdot K)$；

　　　T_{out}、$T_{a,out}$——外层玻璃外表面温度和环境温度，K。

与外界环境辐射换热 q_{rad} 计算如下：

$$q_{rad} = q_{rad,air} + q_{rad,sky} + q_{rad,ground} \tag{6.25}$$

式中　$q_{rad,air}$、$q_{rad,sky}$ 和 $q_{rad,ground}$——玻璃通道向大气、天空和地面的辐射换热强度，W/m^2。

辐射热流密度 $q_{rad,air}$、$q_{rad,sky}$ 和 $q_{rad,ground}$ 的计算公式如下：

$$q_{rad,sky} + \varepsilon \delta F_{sky} \beta (T_{out}^4 - T_{sky}^4) \tag{6.26a}$$

$$q_{rad,air} = \varepsilon \sigma F_{sky}(1 - \beta)(T_{out}^4 - T_{a,out}^4) \tag{6.26b}$$

$$q_{rad,ground} = \varepsilon \sigma F_{ground}(T_{out}^4 - T_{a,out}^4) \tag{6.26c}$$

式中　ε——玻璃表面发射率；

　　　σ——波耳兹曼常量；

　　　F_{sky}——玻璃通道与天空的角系数；

　　　F_{ground}——玻璃窗和周围表面的角系数；

　　　β——天空与空气之间的辐射衰减因子；

　　　T_{sky}——天空温度，K。

F_{sky}、F_{ground}、β、T_{sky} 的计算方法如下：

$$F_{sky} = \frac{1 + \cos \theta}{2} \tag{6.27a}$$

$$F_{ground} = \frac{1 - \cos \theta}{2} \tag{6.27b}$$

$$\beta = \sqrt{\frac{1 + \cos \theta}{2}} \tag{6.27c}$$

$$T_{sky} = 0.055\,2\,T_{a,out}^{1.5} \tag{6.27d}$$

式中　θ——玻璃通道和地面夹角。例如，$\theta = 90°$ 为垂直玻璃通道。

内层玻璃内表面在 $x = x_3$ 处边界条件为

$$- k_g \frac{\partial T}{\partial x} = h_{in}(T_{in} - T_{a,in}) - \varepsilon \sigma (T_{in}^4 - T_{a,in}^4) \tag{6.28}$$

式中　h_{in}——内层玻璃内表面对流换热系数，$\text{W}/(\text{m}^2 \cdot \text{K})$；

　　　T_{in}、$T_{\text{a,in}}$——内层玻璃内表面温度和室内温度，K。

外层玻璃与石蜡材料间耦合面在 $x = x_1$ 处边界条件为

$$- k_{\text{g}} \frac{\partial T_{\text{g}}}{\partial x} + I_{\text{g} \to \text{p}} = - k_{\text{p}} \frac{\partial T_{\text{p}}}{\partial x} \tag{6.29a}$$

式中　$I_{\text{g} \to \text{p}}$——外面玻璃与石蜡材料间耦合面热流密度，$\text{W}/\text{m}^2$；

　　　T_{g} 和 T_{p}——外层玻璃耦合面温度和相变材料耦合面温度，K。

当靠近外层玻璃内表面处相变材料层呈液态时，外层玻璃和石蜡材料耦合面在 $x = x_1$ 处边界条件为

$$- k_{\text{g}} \frac{\partial T_{\text{g}}}{\partial x} + I_{\text{g} \to \text{p}} = - k_{\text{p}} \frac{\partial T_{\text{p}}}{\partial x} + \rho_{\text{p}} H \frac{\text{d}S(t)}{\text{d}t} \tag{6.29b}$$

式中　$S(t)$——液态相变材料层厚度，m。

当相变材料区域发生相变时，固液界面在 $x = x_1 + S(t)$ 处边界条件为

$$- k_{\text{p,l}} \frac{\partial T_{\text{p,l}}}{\partial x} + I_{\text{p,l} \to \text{p,s}} = - k_{\text{p,s}} \frac{\partial T_{\text{p,s}}}{\partial x} + \rho_{\text{p}} H \frac{\text{d}S(t)}{\text{d}t} \tag{6.30}$$

式中　$I_{\text{p,l} \to \text{p,s}}$——相变区固液界面辐射热流，$\text{W}/\text{m}^2$；

　　　$T_{\text{p,l}}$ 和 $T_{\text{p,s}}$——靠近固液界面的液态相变材料温度和固态相变材料温度（K）；

　　　$k_{\text{p,l}}$ 和 $k_{\text{p,s}}$——靠近固液界面的液态相变材料热导率和固态相变材料热导率，$\text{W}/(\text{m} \cdot \text{K})$。

内层玻璃与相变材料间耦合面在 $x = x_2$ 处边界条件均为

$$- k_{\text{p}} \frac{\partial T_{\text{p}}}{\partial x} + I_{\text{p} \to \text{g}} = - k_{\text{g}} \frac{\partial T_{\text{g}}}{\partial x} \tag{6.31a}$$

式中　$I_{\text{p} \to \text{g}}$——内层玻璃和相变材料耦合面的辐射热流，$\text{W}/\text{m}^2$。

当靠近内层玻璃处相变材料层呈液态时，内层玻璃和相变材料耦合面在 $x = x_2$ 处边界条件为

$$- k_{\text{p}} \frac{\partial T_{\text{p}}}{\partial x} + I_{\text{p} \to \text{g}} + \rho_{\text{p}} H \frac{\text{d}S(t)}{\text{d}t} = - k_{\text{g}} \frac{\partial T_{\text{g}}}{\partial x} \tag{6.31b}$$

6.2.2　模型求解与验证

根据参考文献[80]，本书采用有限差分法求解方程及其边界条件，将相变石蜡材料划分为 12 个等距区间，两侧的玻璃沿厚度方向划分为 6 个等距区间。

根据文献[80] 中的实验参数对计算方法进行验证，室外温度、太阳辐射强度及含石蜡材料玻璃通道内表面温度参照文献取值，材料的热物性参数参照文献取值，玻璃的吸收

系数和折射率分别为19 m^{-1}和1.5,玻璃的发射率为0.88,相变材料折射率为1.3,固相和液相相变材料的吸收系数分别为50 m^{-1}和40 m^{-1},房间初始温度为23 ℃,模拟过程进行两天时达到周期变化。本书计算得到的热流密度(不含透射太阳能)和含石蜡材料玻璃

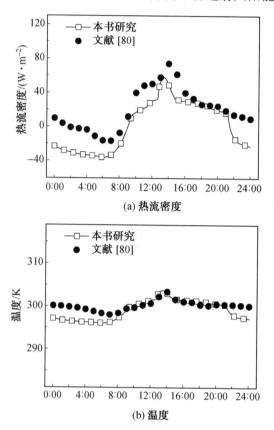

(a) 热流密度

(b) 温度

图6.12　本书计算得到的热流密度和含石蜡材料玻璃通道内表面温度与文献中的计算结果对比图

通道内表面温度与文献中的计算结果对比图如图6.12所示。如图6.12所示,计算结果与文献结果在不同时间段呈现出不同特性。7:00之前,计算结果与文献结果差别很大,其原因是实验中没有忽略含石蜡材料玻璃通道初始温度的影响;7:00 ~ 11:00期间,计算结果与文献结果基本一致,其原因是实验进行7 h后消除了初始温度的影响,且整个传热过程受石蜡材料的相变和辐射传热的影响;而在11:00 ~ 14:00期间,计算结果与文献数据差别很大,其原因是在该阶段石蜡材料呈液态,辐射传热占主导地位;14:00 ~ 22:00期间,计算结果与文献数据比较一致,石蜡材料的相变和辐射传热均影响整个传热过程。根据实验结果,本书中热流密度和温度的相对误差分别为34%和2.7%。

6.2.3　数值求解结果与分析

玻璃和石蜡材料的厚度分别为6 mm和12 mm,夹角$\theta = 0°$,图6.13所示为6月22号

在大庆当地测量的大气环境温度和太阳辐射强度随时间的变化情况,玻璃内外表面对流换热系数分别为7.75 W/(m²·K)和7.43 W/(m²·K),室内空气温度为26 ℃,玻璃的吸收系数和折射率分别为19 m⁻¹和1.5,玻璃的发射率为0.88,初始温度为23 ℃,材料的热物性参数见表6.2。

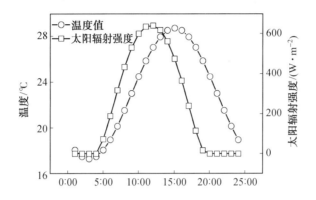

图 6.13　大气环境温度与太阳辐射强度随时间的变化情况

表 6.2　材料热物性参数

材料	熔点 /℃	密度 /(kg·m⁻³)	热导率 /(W·m⁻¹·K⁻¹)	比热容 /(J·kg⁻¹·K⁻¹)	潜热 /(J·kg⁻¹)
玻璃		2 500	0.96	840	
石蜡材料	27 ~ 29	850	0.21	2 230	205 000

1. 液态石蜡材料折射率的影响

为了分析石蜡材料折射率对含石蜡材料玻璃通道热性能的影响,分别对折射率为1.3、1.6、2.0、2.5 和 3.0 的液态石蜡材料进行了研究。石蜡材料的折射率为1.3,固态和液态石蜡材料的吸收系数分别是 30 m⁻¹ 和 5 m⁻¹。

折射率对含液态石蜡材料玻璃通道内表面温度的影响如图 6.14 所示。由图 6.14 可见,在10:00前和18:00后,玻璃通道的内表面温度曲线趋势大体相同,同一时间折射率不同的内表面温度值几乎相同。原因是在这段时间内玻璃通道中石蜡材料的液相率很小,液态石蜡材料折射率作用不明显。在 10:00 ~ 18:00,玻璃通道中石蜡材料液相率增加,液态石蜡材料的折射率对内表面的温度作用较弱。例如,在13:30 时,折射率为1.3、1.6、2.0、2.5 和 3.0 的含石蜡材料的玻璃通道内表面的温度分别为 31.72 ℃、31.82 ℃、31.36 ℃、30.39 ℃ 和 29.94 ℃。从图 6.14 中还可以看出,内表面呈最高温度的时间相近,表明液态石蜡材料的折射率对玻璃通道内表面温度的影响很小。

折射率对含液态石蜡材料玻璃通道内表面透射能的影响如图 6.15 所示。由图 6.15 可知,在10:00前和18:00后,由于玻璃通道内相变材料液相率较小,通道内表面透射能和

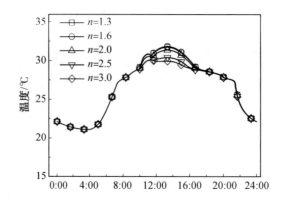

图6.14　折射率对含液态石蜡材料玻璃通道内表面温度的影响

太阳辐射强度几乎相同。相比之下,在10:00~18:00之间二者有明显的差异,如在12:00时,折射率为1.3、2.0、2.5的液态石蜡材料玻璃通道内表面透射能量和太阳辐射强度分别为564.34 W/m² 和 499.48 W/m²、537.66 W/m² 和 477.19 W/m²、471.61 W/m² 和 419.85 W/m²。结果表明,太阳辐射强度对玻璃通道内表面透射能影响很大,导致最高透射能出现在12:00左右。随着液态石蜡材料折射率的增大,玻璃通道内表面的总透射能随之减小,这表明液态石蜡材料的折射率对玻璃通道内表面的透射能影响很大。

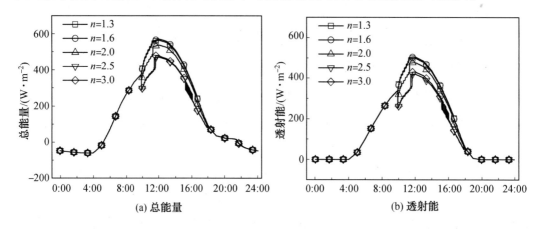

图6.15　折射率对含液态石蜡材料玻璃通道内表面透射能的影响

2. 固态石蜡材料折射率的影响

为了分析石蜡材料折射率对含固态石蜡材料玻璃通道热性能的影响,研究了折射率分别是1.3、1.6、2.0、2.5和3.0的5种固态石蜡材料,石蜡材料的折射率为1.3,固态和液态石蜡材料的吸收系数分别是30 m⁻¹ 和 5 m⁻¹。

折射率对含固态石蜡材料玻璃通道内表面温度的影响如图6.16所示。由图6.16可见,在3:00前和20:00后,由于这段时间没有太阳辐射强度,因此内表面温度值是相同的。但是在 3:00 ~ 20:00,由于太阳辐射强度的影响,固态石蜡材料的折射率对内表面温度有一定影响,如在 13:30 时,折射率为 1.3、1.6、2.0、2.5 和 3.0 的液态石蜡材料玻璃通道内表面的温度分别是 31.72 ℃、31.67 ℃、31.89 ℃、32.37 ℃ 和 32.92 ℃。结果表明,固态石蜡材料的折射率对内表面温度的影响很小。

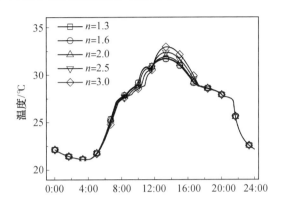

图 6.16　折射率对含石蜡材料玻璃通道内表面温度的影响

折射率对含固态石蜡材料玻璃通道内表面透射量的影响如图 6.17 所示。由图 6.17 可见,在 3:00 前,由于太阳辐射强度为 0,玻璃通道内表面的总透射能和太阳辐射能几乎相同;相比之下,在 3:00 ~ 12:00,在太阳辐射的影响下,玻璃通道内表面的总透射能和太阳辐射强度有明显差异,随着固态石蜡材料折射率的增大,玻璃通道内表面的总透射能和太阳辐射强度随之减小,且相变材料熔化时间增加,其原因是随着石蜡材料折射率的增大,界面反射率也随之增加,导致进入玻璃通道内的透射能减小,如在 10:00 时,折射率为 1.3、2.0 和 2.5 的固态石蜡材料玻璃通道内表面的总透射能与太阳辐射强度分别是 399.04 W/m² 和 361.01 W/m²,358.84 W/m² 和 323.13 W/m²,305.83 W/m² 和 272.57 W/m²;在 12:00 时,折射率为 1.3、2.0 和 2.5 的固态石蜡材料玻璃通道的内表面的总透射能和太阳辐射强度分别是 564.34 W/m² 和 499.48 W/m²,557.21 W/m² 和 492.04 W/m²,538.20 W/m² 和 471.21 W/m²;在 12:00 ~ 18:00,由于石蜡材料呈液态,玻璃通道内表面的总透射能和太阳辐射强度几乎相同;在 18:00 ~ 20:00,由于石蜡材料固化,随着石蜡材料折射率的增大,玻璃通道内表面的总透射能和太阳辐射强度随之减小。结果表明,固态石蜡材料的折射率对玻璃通道内表面的总透射能影响很大。

3. 液态石蜡材料吸收系数的影响

固态和液态石蜡材料的 4 组不同吸收系数分别为 30 m⁻¹ 和 5 m⁻¹、30 m⁻¹ 和 50 m⁻¹、30 m⁻¹ 和 100 m⁻¹、0 m⁻¹ 和 200 m⁻¹,相变材料的折射率为 1.3。

吸收系数对含液态石蜡材料玻璃通道内表面温度的影响如图 6.18 所示。由图 6.18

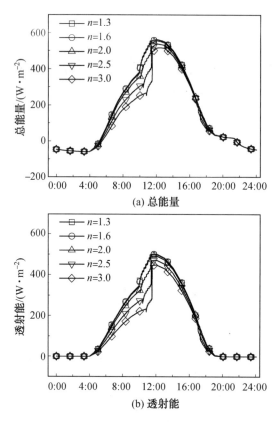

(a) 总能量

(b) 透射能

图 6.17　折射率对含固态石蜡材料玻璃通道内表面透射量的影响

可见,在 10:00 前,玻璃通道内表面温度曲线趋势相同,且同一时间点其值非常接近,原因是在 10:00 前,石蜡材料的液相率很小,液态石蜡材料吸收系数的影响不明显;在 10:00 ~ 19:00,随着玻璃通道中石蜡材料液相率的增加,石蜡材料吸收系数对内表面的温度影响增大,随着液态石蜡材料吸收系数的增大,玻璃通道内表面的温度升高,如在 13:30 时,吸收系数为 5 m^{-1}、50 m^{-1}、100 m^{-1} 和 200 m^{-1} 的液态石蜡材料玻璃通道内表面温度分别为 31.72 ℃、39.61 ℃、44.45 ℃ 和 48.4 ℃;在 19:00 后,即使石蜡材料已经是固态,由于石蜡材料吸收并储存了大量的太阳能,导致玻璃通道内表面的温度仍不相同。从图 6.18 还可以看出,玻璃通道内表面出现最高温度的时间也明显不同,如吸收系数为 200 m^{-1} 的内表面呈最高温度的时间比吸收系数为 5 m^{-1} 提前 30 min。结果表明,液态石蜡材料吸收系数对内表面的温度影响很大。

　　吸收系数对含液态相变材料玻璃通道内表面透射能的影响如图 6.19 所示。由图 6.19 可见,在 10:00 前,由于没有太阳辐射强度,玻璃通道内表面的透射能和太阳辐射强度几乎相同;在 10:00 ~ 19:00,由于液态石蜡材料吸收系数的影响,玻璃通道内表面的总透射能和太阳辐射强度有明显差异,在这段时间内,随着液态石蜡材料吸收系数的增大,

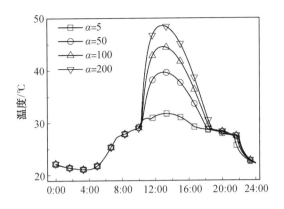

图 6.18　吸收系数对含液态石蜡材料玻璃通道内表面温度的影响

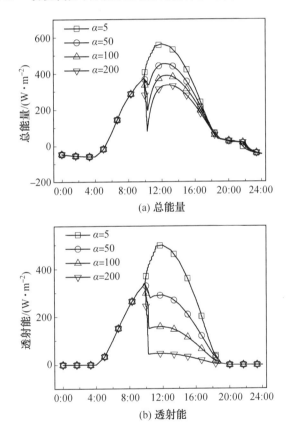

图 6.19　吸收系数对含液态石蜡材料玻璃通道内表面透射能的影响

玻璃通道内表面的总透射能和太阳辐射强度随之减少,最大透射能的时间延迟,原因是石蜡材料对太阳能的吸收能力随着液态石蜡材料吸收系数的增大而增大,导致进入室内透射能减小,同时石蜡材料层的温度增加。例如,在 13:30 时,吸收系数为 5 m^{-1}、50 m^{-1}、100 m^{-1} 和 200 m^{-1} 的液态石蜡材料玻璃通道内表面的总透射能和太阳辐射强度分别为

549.65 W/m² 和 478.93 W/m²、451.36 W/m² 和 279.09 W/m²、389.46 W/m² 和 153.16 W/m²、336.80 W/m² 和 46.13 W/m²,吸收系数为 200 m⁻¹ 的液态石蜡材料的玻璃通道内表面呈最大透射能的时间比吸收系数为 5 m⁻¹ 的延迟了 40 min。结果表明,液态石蜡材料的吸收系数对玻璃通道的透射能影响很大。

4. 固态石蜡材料吸收系数的影响

固态和液态石蜡材料的 4 组吸收系数分别为 30 m⁻¹ 和 5 m⁻¹、30 m⁻¹ 和 50 m⁻¹、30 m⁻¹ 和 100 m⁻¹、30 m⁻¹ 和 200 m⁻¹,石蜡材料的折射率为 1.3。

吸收系数对含固态石蜡材料玻璃通道内表面温度的影响如图 6.20 所示。由图6.20可知,在 3:00 前,由于没有太阳辐射强度,玻璃通道内表面的温度曲线趋势相同,且同一时间不同吸收系数的含固态石蜡材料玻璃通道内表面的温度值非常接近;在 3:00 后,由于太阳辐射强度的影响,固态石蜡材料的吸收系数对内表面温度影响很大。在石蜡材料完全变成液态之前,随着固态石蜡材料吸收系数的增大,玻璃通道内表面的温度升高,当石蜡材料呈完全液态时,吸收系数为 100 m⁻¹ 和 200 m⁻¹ 的玻璃通道内表面温度首先降低,然后持续升高,石蜡材料完全熔化之前,玻璃通道内储存了大量太阳能,导致玻璃通道的温度远远高于室外环境;当石蜡材料为液态时,石蜡材料中太阳能的吸收能力减小,因此玻璃通道温度也随之减小。

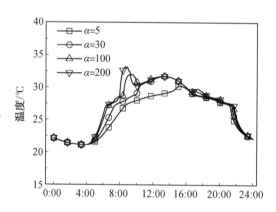

图 6.20　吸收系数对含固态石蜡材料玻璃通道内表面温度的影响

由图 6.20 还可以看出,吸收系数不同,玻璃通道内表面温度峰值的时间明显不同,随着固态石蜡材料吸收系数的增大,玻璃通道内表面温度峰值时间提前。例如,吸收系数为 200 m⁻¹ 的内表面温度峰值时间比吸收系数为 5 m⁻¹ 的提前了 300 min,结果表明,固态石蜡材料吸收系数对内表面的温度影响很大。

吸收系数对含固态石蜡材料玻璃通道内表面透射能的影响如图 6.21 所示。由图 6.21 可见,在 3:00 前,由于没有太阳辐射强度,玻璃通道内表面总透射能和太阳辐射强度基本相同;相反,在 3:00 ~ 12:00,由于太阳辐射强度的影响,总透射能和太阳辐射强度存在明显差异,在这段时间内,当相变材料没有完全变成液态前,随着石蜡材料吸收系数的增加,玻璃内表面的总透射能和太阳辐射强度随之减小,同时石蜡材料的熔化时间减少;在 12:00 ~ 18:30,由于石蜡材料完全呈液态,吸收系数不同的含液态石蜡材料玻璃通道内表面总透射能和太阳辐射强度基本相同;在 18:30 ~ 20:00,石蜡材料固化,随着固态石蜡材料吸收系数的增大,玻璃内表面总透射能和太阳辐射强度随之减少,其原因是固态石蜡材料的吸收系数对玻璃内表面透射能影响很大,而对玻璃内表面呈最大透射能和太阳辐射强度的时间作用不明显。

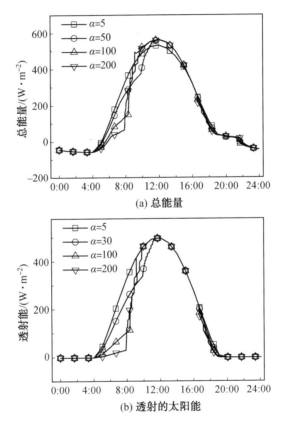

图 6.21　　吸收系数对含固态石蜡材料玻璃通道内表面透射能的影响

5. 石蜡材料密度的影响

为了分析石蜡材料的密度对含石蜡材料玻璃通道热性能的影响,分别对密度为 $0.5\rho_p = 425$ kg/m³、$\rho_p = 850$ kg/m³、$1.5\rho_p = 1\ 275$ kg/m³、$2\rho_p = 1\ 700$ kg/m³、$3\rho_p = 2\ 550$ kg/m³ 的石蜡材料进行了研究,其余参数见表 6.2。

密度对含石蜡材料玻璃通道的影响如图 6.22 所示。由图 6.22(a) 可见,当石蜡材料的密度分别为$0.5\rho_p=425\ kg/m^3$、$\rho_p=850\ kg/m^3$、$1.5\rho_p=1\ 275\ kg/m^3$、$2\rho_p=1\ 700\ kg/m^3$、$3\rho_p=2\ 550\ kg/m^3$时，温度时滞和衰减因子分别为8 min和1.00，17 min和1.00，43 min和0.98，74 min和0.94，75 min和0.80。结果表明，随着石蜡材料密度的增加，温度时间滞增加，温度衰减因子减小，但石蜡材料密度对温度衰减因子的影响较小。由图6.22(b)可见，随着石蜡材料密度的增大，含石蜡材料玻璃通道内表面透射能在3:00之前和20:00之后增加，但是在3:00 ~ 20:00减少，原因是太阳辐射强度是玻璃通道内总透射能的主要部分，如图6.22(c)所示。随着石蜡材料密度的增大，石蜡所储存的太阳能增加，导致出现如图6.22(a)所示的情况，3:00之前和20:00之后的高温和3:00 ~ 20:00的低温。

由图6.22(d)可见，随着石蜡材料密度的增大，石蜡材料初始熔化的时间延迟，石蜡处于液态的时间段减小，表明随着石蜡材料密度的增加进入室内的太阳能量减少，如密度为425 kg/m^3和2 550 kg/m^3的石蜡材料最初熔化时间及处于液态的时长分别为9:03和366 min、12:55和141 min，然而当石蜡材料的密度超过1 275 kg/m^3时，石蜡处于液态的时间段越狭窄，导致透过含石蜡材料玻璃通道的能量越少。上述分析表明，选择合适密度的石蜡材料是提高含石蜡材料玻璃通道热性能的有效方式。

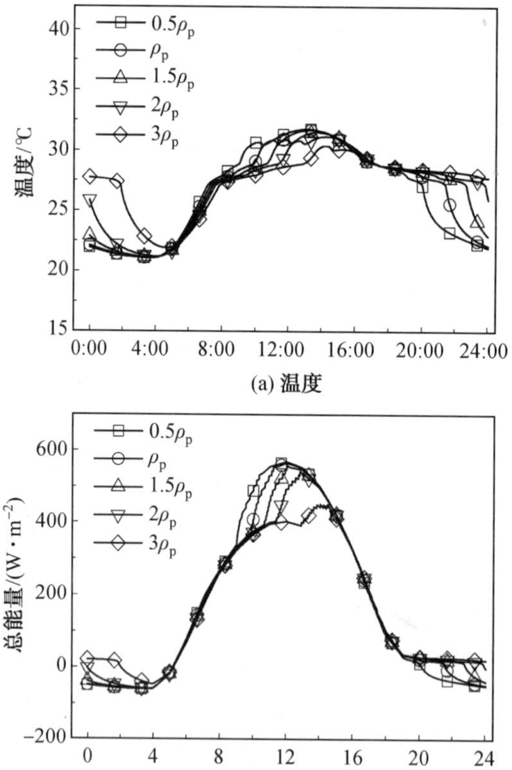

图6.22　密度对含石蜡材料玻璃通道的影响

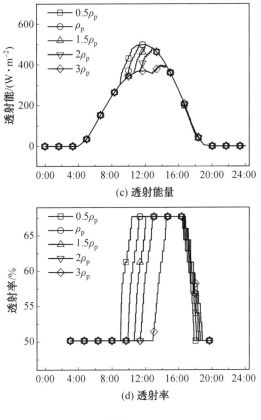

续图 6.22

6. 石蜡材料热导率的影响

为了分析石蜡材料热导率对含石蜡材料玻璃通道热性能的影响,研究了热导率分别是 $0.1k_p = 0.021$ W/(m·K)、$k_p = 0.21$ W/(m·K)、$10k_p = 2.1$ W/(m·K)、$100k_p = 21$ W/(m·K)、$200k_p = 42$ W/(m·K) 的 5 种石蜡材料,其余参数见表 6.2。

热导率对含石蜡材料玻璃通道的影响如图 6.23 所示。由图 6.23(a) 可知,当热导率分别为 0.021 W/(m·K)、0.21 W/(m·K)、2.1 W/(m·K)、21 W/(m·K) 和 42 W/(m·K) 时,温度的时间滞和衰减因子分别为 − 75 min 和 0.90,17 min 和 1.00,21 min 和1.11,22 min 和 1.13,22 min 和 1.13。结果表明,当石蜡材料的热导率小于 2.1 W/(m·K) 时,随着石蜡材料热导率的增加,温度时间滞增加,温度衰减因子减小;当石蜡材料的热导率大于 2.1 W/(m·K) 时,热导率对温度时间滞和温度衰减因子的影响微弱。由图 6.23 的(b) 和(c) 可知,当石蜡材料的热导率大于 0.21 W/(m·K) 时,其对含石蜡材料玻璃通道内表面总能量和透射能量的影响微弱,原因是太阳辐射在含石蜡材料玻璃通道内传热过程中起重要作用。

同时,由图 6.23(d) 可以看出,随着石蜡材料热导率的增大,石蜡材料初始熔化的时

131

间延迟,其处于液态的时长减小。而当石蜡材料的热导率大于2.1 W/(m·K)时,其对初始熔化时间和处于液态时间段的影响较小。 如当石蜡材料的热导率分别为0.021 W/(m·K)和2.1 W/(m·K)时,其初始熔化时间和处于液态的时长分别为9:06和229 min,10:29和362 min,上述分析表明当石蜡材料的热导率大于2.1 W/(m·K)时,改变石蜡材料的热导率并不是提高含石蜡材料玻璃通道热性能的有效方式。

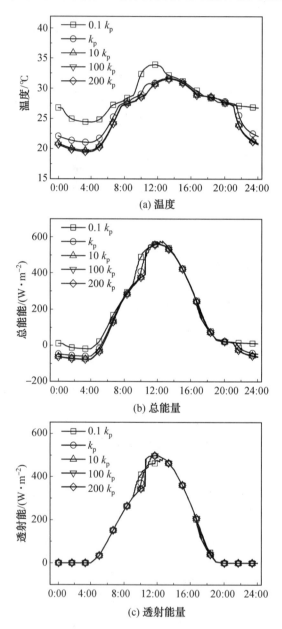

图6.23　热导率对含石蜡材料玻璃通道的影响

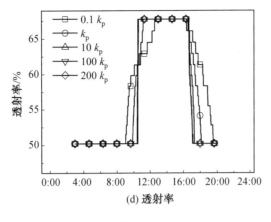

(d) 透射率

续图 6.23

7. 石蜡材料比热容的影响

为了分析石蜡材料比热容对含石蜡材料玻璃通道热性能的影响，研究了比热容分别是 $0.1c_{p,p}=223$ J/(kg·K)、$c_{p,p}=2\ 230$ J/(kg·K)、$2c_{p,p}=4\ 460$ J/(kg·K)、$5c_{p,p}=11\ 150$ J/(kg·K)、$10c_{p,p}=22\ 300$ J/(kg·K) 的 5 种石蜡材料，其余参数见表 6.2。

比热容对含石蜡玻璃通道的影响如图 6.24 所示。由图 6.24(a) 可知，当比热容分别是 23 J/(kg·K)、2 230 J/(kg·K)、4 460 J/(kg·K)、11 150 J/(kg·K) 和 22 300 J/(kg·K) 时，温度时间滞和温度衰减因子分别为 5 min 和 1.01，17 min 和 1.00，35 min 和 0.98，70 min 和 0.90，101 min 和 0.76。表明随着石蜡材料比热容的增大，温度时间滞增大，温度衰减因子减小；而当比热容小于4 460 J/(kg·K) 时，石蜡材料的比热容对温度衰减因子的影响较小。由图 6.24(b) 和 (c) 可知，当石蜡材料的比热容小于 4 460 J/(kg·K) 时，其对含石蜡材料玻璃通道内表面总能量和透射能的影响也很小。

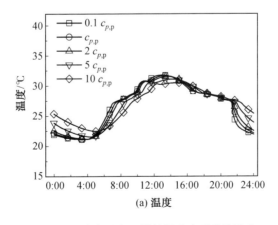

(a) 温度

图 6.24　比热容对含石蜡材料玻璃通道的影响

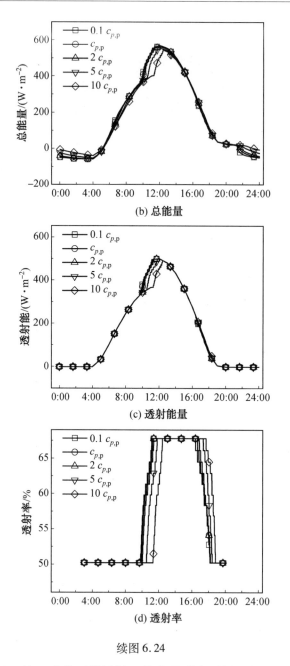

续图 6.24

由图 6.24 的(d)可知,随着石蜡材料比热容的增大,其初始熔化时间被延迟,石蜡处于液态的时间段变化明显;而当石蜡材料的比热容小于 4 460 J/(kg·K) 时,其对初始熔化时间和处于液态时间段的影响非常小, 如当石蜡材料的比热容分别为 2 230 J/(kg·K)、4 460 J/(kg·K) 和 22 300 J/(kg·K) 时,其初始熔化时间和处于液态的时时长分别为 9:50 和 315 min,10:03 和 328 min,11:19 和 314 min。上述分析表明,当石蜡材料的比热容低于 4 460 J/(kg·K) 时,改变石蜡材料的比热容并不是提高含石蜡材料玻璃通道热性能的有效方式。

8. 石蜡材料潜热的影响

为了分析石蜡材料潜热对含石蜡材料玻璃通道热性能的影响,研究了潜热分别是 $0.1Q_L=20.5$ kJ/kg、$Q_L=205$ kJ/kg、$2Q_L=410$ kJ/kg、$5Q_L=1\,025$ kJ/kg、$10Q_L=2\,050$ kJ/kg 的 5 种石蜡材料,其余参数见表 6.2。

潜热对含石蜡材料玻璃通道的影响如图 6.25 所示。由图 6.25(a) 可知,当石蜡材料的潜热为 20.5 kJ/kg、205 kJ/kg、410 kJ/kg、1 025 kJ/kg 和 2 050 kJ/kg 时,其温度时间滞和温度衰减因子分别为 14 min 和 1.00,17 min 和 1.00,60 min 和 0.97,151 min 和 0.46、156 min 和 0.08。结果表明,随着石蜡材料潜热的增大,温度时间滞增加,温度衰减因子减小,而当石蜡材料的潜热低于 410 kJ/kg 时,其对温度衰减因子的影响较小。同时由图 6.25(a) 可见,当石蜡材料的潜热为 2 050 kJ/kg 时,含石蜡材料玻璃通道内表面温度变化明显,且全天最大温差仅为 0.83 ℃。

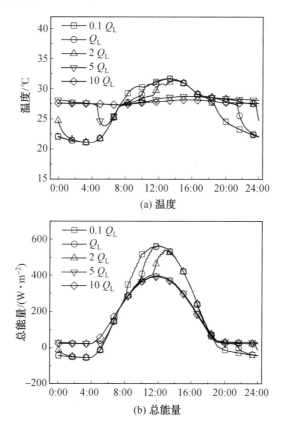

图 6.25　潜热对含石蜡材料玻璃通道的影响

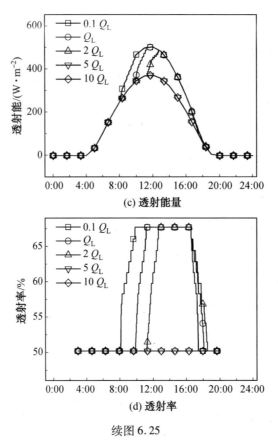

(c) 透射能量

(d) 透射率

续图6.25

由图6.25(b)和(c)可知,当石蜡材料潜热为1 025 kJ/kg时,其对含石蜡材料玻璃通道内表面透射能和总能量影响较小。同时由图6.25(d)可见,随着石蜡材料潜热的增大,其初始熔化时间延迟,处于液态时长减小,当石蜡材料潜热大于1 025 kJ/kg时,石蜡材料并未熔化,导致含石蜡材料玻璃通道的透射能较低。如潜热为20.5 kJ/kg和410 kJ/kg时,其初始熔化时间和处于液态时长分别为8:12和403 min,11:18和234 min。上述研究结果表明,当石蜡材料的潜热小于410 kJ/kg时,增加其潜热可以有效提高含石蜡材料玻璃通道的热性能。

9. 石蜡材料熔化温度范围的影响

为了分析石蜡材料熔化温度范围对含石蜡材料玻璃通道热性能的影响,研究了熔化温度范围分别在297 ~ 299 K、300 ~ 302 K、304 ~ 306 K、307 ~ 309 K、309 ~ 311 K的5种石蜡材料,其余参数见表6.2。

熔化温度范围对含石蜡材料通道的影响如图6.26所示。由图6.26(a)可知,当石蜡材料的熔化温度范围分别在297 ~ 299 K、300 ~ 302 K、304 ~ 306 K、307 ~ 309 K、309 ~ 311 K之间时,其温度时间滞和温度衰减因子分别为13 min和1.00、17 min和1.00、6 min

和1.16、62 min 和1.27、28 min 和1.35,结果表明,随着石蜡材料熔化温度范围的升高,温度衰减因子增大,温度时间滞变化无规律,而当石蜡材料的熔化温度范围在304 ~ 306 K时,其温度衰减因子约为1.1。同时由图6.26(b) 和(c) 可见,当石蜡材料的熔化温度范围为307 ~ 309 K 时,其对含石蜡材料玻璃通道内表面透射能和总能量影响较小;当石蜡材料的熔化温度范围低于304 ~ 306 K 时,随着石蜡材料熔化温度范围的增大,含石蜡材料玻璃通道内表面总能量和透射能均减小。

同时由图6.26(d) 可见,随着石蜡材料熔化温度范围的增加,其初始熔化时间延迟,液态时长减小,当石蜡材料熔化温度范围大于307 ~ 309 K 时,石蜡材料并未熔化,导致含石蜡材料玻璃通道的透射能较低。如熔化范围为297 ~ 299 K、304 ~ 306 K 时,其初始熔化时间和处于液态时长分别为8:34 和487 min,11:56 和0 min。结果表明,当石蜡材料的熔化范围为304 ~ 306 K 时,石蜡材料只是部分熔化。上述分析表明控制石蜡材料的熔化温度范围是改善含石蜡材料玻璃通道热性能的有效方式,且石蜡材料的熔化温度范围不仅要求与室内外温度相匹配,而且透过含石蜡材料玻璃通道的太阳透射能也对其有一定的要求,如熔化温度范围为297 ~ 299 K 的石蜡材料就十分符合东北地区大庆的室外环境的要求。

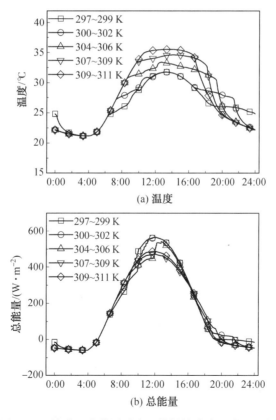

图 6.26　熔化温度范围对含石蜡材料玻璃通道的影响

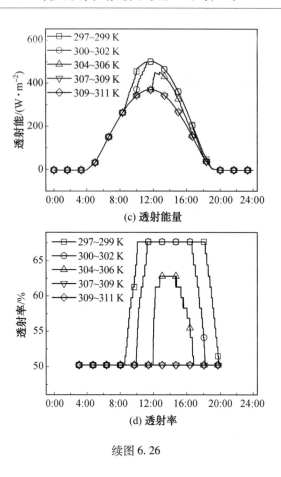

续图 6.26

6.3　本章小结

首先本章基于控制容积法及布格尔定律数值分析了含石蜡材料玻璃通道的一维稳态传热情况,然后采用有限差分法分析了含石蜡材料玻璃通道的一维非稳态传热情况,并进一步研究了辐射传热及石蜡材料的物性对含石蜡材料玻璃通道的热影响,探讨了石蜡材料吸收系数和折射率对含石蜡层玻璃通道传热的影响,通过研究得出如下结论:

(1)含石蜡材料玻璃通道的一维光热传输模型及其求解方法在一定程度上是可靠的,其热流密度和温度的最大计算误差分别为34%和2.7%。

(2)石蜡吸收系数对玻璃通道温度分布影响显著,吸收系数越大,玻璃通道温度越高,并且随着太阳辐射强度的增强而更加明显;相对于吸收系数,石蜡折射率对玻璃通道温度影响减弱,但其折射率对其温度分布影响趋势与吸收系数基本一致;玻璃通道的传热量随着太阳辐射强度、折射率和吸收系数的增大而增大,但与折射率相比石蜡吸收系数对玻璃通道的透光率影响更大。

（3）折射率不同时,含液态石蜡材料玻璃通道内表面呈最高温度的时间相近,液态石蜡材料的折射率对玻璃通道内表面的温度的影响很小。太阳辐射强度对玻璃通道内表面透射能影响很大,导致其最高透射能出现在 12:00 左右。随着液态石蜡材料折射率的增大,玻璃通道内表面的总透射能和太阳辐射强度随之减小,液态石蜡材料的折射率对玻璃通道内表面的透射能影响很大。随着固态石蜡材料吸收系数的增大,玻璃内表面总透射能和太阳辐射强度随之减少。一定范围内增加石蜡材料的潜热、选择合理密度的石蜡材料、控制石蜡材料的熔化温度范围是提高含石蜡材料玻璃通道热性能的有效方式,而改变石蜡材料的热导率和比热容不一定能够提高其热性能。

第7章　含石蜡百叶玻璃幕墙通道二维传热模拟

在太阳辐射作用下,幕墙通道内的气体温度迅速上升,使得室内热舒适性降低,而在幕墙通道内增设相变材料百叶能有效吸收太阳辐射强度,降低室内的热负荷。本章建立了含石蜡类相变百叶幕墙通道的二维非稳态传热模型,借助 Fluent 软件进行数值模拟,分析了幕墙通道内百叶材料在不同倾角和不同辐射强度下的传热特性。

7.1　数理模型及求解方法

7.1.1　数理模型

含相变(石蜡)百叶材料封闭幕墙通道的二维非稳态耦合传热模型如图 7.1 所示。其中,室外温度为 T_c,室内温度为 T_h,太阳辐射作用下左侧玻璃壁面向幕墙内辐射传热,右侧玻璃外壁面与室内环境进行对流换热。模拟的热通道模型高 H 为 1 000 mm,宽 W 为 12 mm,玻璃的厚度 D 为 6 mm。内置百叶尺寸为 8 mm × 2 mm,与 x 方向的角度为 θ,百叶的数量为 125 个。

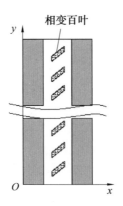

图 7.1　含相变(石蜡)百叶材料封闭幕墙通道的二维非稳态耦合传热模型

根据幕墙结构特点做出如下假设:

（1）幕墙密封良好，忽略空气渗透。

（2）热通道内的气体为不可压缩的牛顿流体，热通道内的气体流动方式为层流，满足Boussinesq假设，且气体物性除密度外均与温度无关。

（3）除通道外表面和通道内固体壁面外，其余壁面均绝热。

（4）忽略石蜡材料（液态）对流传热，相变材料散射效应忽略不计。

（5）忽略两个玻璃层之间的辐射传递，认为无论是液态石蜡还是固态石蜡，仅能透过太阳短波辐射；玻璃和石蜡材料均视为各向同性的均匀介质，材料特性与温度无关，材料的光学特性与波长无关。

玻璃通道内的气流，由于重力场和其他力场作用导致密度差的存在，使其得以流动，因此要考虑重力对动量方程的影响。

连续性方程：

$$\frac{\partial \rho}{\partial t} + \frac{\partial(\rho u)}{\partial x} + \frac{\partial(\rho v)}{\partial y} = 0 \tag{7.1}$$

动量方程：

$$\frac{\partial u}{\partial t} + u\frac{\partial u}{\partial x} + v\frac{\partial u}{\partial y} = -\frac{1}{\rho}\frac{\partial P}{\partial x} + \frac{\mu}{\rho}\left(\frac{\partial^2 u}{\partial x^2} + \frac{\partial^2 u}{\partial y^2}\right) \tag{7.2a}$$

$$\frac{\partial v}{\partial t} + u\frac{\partial v}{\partial x} + v\frac{\partial v}{\partial y} = -\frac{1}{\rho}\frac{\partial P}{\partial y} + \frac{\mu}{\rho}\left(\frac{\partial^2 v}{\partial x^2} + \frac{\partial^2 v}{\partial y^2}\right) - g\beta(T - T_f) \tag{7.2b}$$

能量方程：

$$\rho c_p \frac{\partial T}{\partial t} + \frac{\partial(\rho c_p u T)}{\partial x} + \frac{\partial(\rho c_p v T)}{\partial y} = \frac{\partial}{\partial x}\left(k\frac{\partial T}{\partial x}\right) + \frac{\partial}{\partial y}\left(k\frac{\partial T}{\partial y}\right) + S_\phi \tag{7.3}$$

固体区域的控制方程：

$$\frac{\partial(\rho H)}{\partial t} = \frac{\partial}{\partial x}\left(k_g\frac{\partial T}{\partial x}\right) + \frac{\partial}{\partial y}\left(k_g\frac{\partial T}{\partial y}\right) + S_\phi \tag{7.4}$$

通道外表面边界条件：

$$-k_g\frac{\partial T}{\partial x}\bigg|_{x=2D+W} = h_1(T_h - T) + q_c \tag{7.5a}$$

$$-k_g\frac{\partial T}{\partial x}\bigg|_{x=0} = h_2(T - T_c) \tag{7.5b}$$

通道内固体壁面的热边界条件满足

$$-k_g\frac{\partial T}{\partial n}\bigg|_{固体侧} = -k\frac{\partial T}{\partial n}\bigg|_{气体侧} \tag{7.6}$$

以下略式中　　u、v——流体在 x、y 方向上的速度分量，m/s；

ρ——空气密度，kg/m³；

μ——气体动力黏度系数;

P——气体压力;

H——焓值;

β——气体的热膨胀系数;

T——温度场,$T = T(x,y)$;

T_f——通道内气体的温度;

g——y方向重力加速度;

c_p——质量定压热容;

k——热导率;

k_g——固体材料的热导率;

q_c——太阳辐射强度;

h_1和h_2——右侧玻璃壁面、左侧玻璃壁面与空气的对流换热系数;

S_ϕ——源项;

n——气体和固体交界面的法向单位矢量。

流场计算中压力和速度耦合采用 SIMPLE 算法,辐射计算采用 DO 模型,相变传热计算采用显示比热容法。控制精度:连续性方程、动量方程和能量方程均为 10^{-9}。对计算区域网格数进行考核,水平百叶($\theta = 0°$)、竖直百叶($\theta = 90°$)时采取规则网格,倾斜百叶($\theta = 45°$)时采取非规则网格,通过网格独立性检验确定网格数为 29 523($\theta = 0°$)、16 837($\theta = 45°$)、2 517($\theta = 90°$)。为了说明本书计算精度的可靠性,采用文献[81]的计算方法进行模拟,验证结果如图 7.2 所示,其数据与文献的结果基本一致。

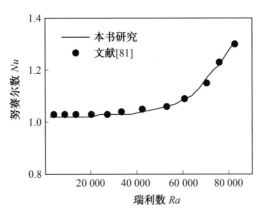

图 7.2　验证结果

采用无量纲速度和温度表示通道内流场和温度场,无量纲温度和无量纲速度的表达式为

$$T^* = \frac{T - T_c}{T_h - T_c} \tag{7.7}$$

$$v^* = \frac{v}{v_{\max}} \tag{7.8}$$

式中　T_h——室内环境温度;

　　　T_c——室外环境温度;

　　　$v_{\max}$——腔内气体的最大流动速度。

7.1.2　物性参数和求解条件

本模拟中,玻璃、石蜡材料的物性参数见表7.1。

表7.1　玻璃、石蜡材料的物性参数

材料名称	密度 /(kg·m^{-3})	比热容 /(J·kg^{-1}·℃$^{-1}$)	热导率 /(W·m^{-1}·K^{-1})	吸收系数 /m^{-1}	折射率
玻璃	2 500	790	1.1	19	1.45
石蜡	800		0.2		1.34

石蜡材料的相变点为289 K(16 ℃),相变区间为287 ~ 291 K,相变焓值为 $h_{pcm} = 148$ kJ/kg,其比热容 $c_{pcm,m}^*(T_{pcm})$ 的表达式为

$$c_{pcm,m}^*(T_{pcm}) = c_{pcm,s}, \quad T_{pcm} \leqslant T_{pcm,in}$$

$$c_{pcm,m}^*(T_{pcm}) = c_{pcm,m}, \quad T_{pcm,in} < T_{pcm} < T_{pcm,fi}$$

$$c_{pcm,m}^*(T_{pcm}) = c_{pcm,l}, \quad T_{pcm} > T_{pcm,fi}$$

$$c_{pcm,in}^* = \frac{h_{pcm}}{\Delta T_h}$$

式中　$c_{pcm,s}$——固态石蜡的比热容;

　　　$c_{pcm,m}$——固液混合态的比热容;

　　　$c_{pcm,l}$——液态石蜡的比热容;

　　　$T_{pcm,in}$、$T_{pcm,fi}$——石蜡相变前后的相变温度,分别为287 K 和291 K;

　　　$c_{pcm,in}^*$——石蜡材料相变过程中的平均比热容;

　　　h_{pcm}——石蜡材料的相变焓值;

　　　ΔT_h——相变区间变化温度,$\Delta T_h = T_{pcm,fi} - T_{pcm,in}$。

石蜡材料的比热容和吸收系数见表7.2。

表7.2　石蜡材料的比热容和吸收系数

物性	285 K	288 K	290 K	293 K
比热容/(J·kg^{-1}·℃$^{-1}$)	2 500	37 000	37 000	2 500
吸收系数/m^{-1}	27.79	22.6	11.42	5.78

定义室外温度即外层玻璃壁面温度为 263 K,室内温度即内侧壁面为 293 K,室外辐射强度分别定义为 280 W/m²、680 W/m²、1 040 W/m² 3 种工况进行模拟;迭代计算初始温度取室内外的平均温度为 278 K,初始速度无限小取 0.000 1 m/s,迭代计算时间步长设置为 0.01 s,共计 360 000 步,每一步的最大迭代次数设置为 1 000。

7.2 模拟结果及分析

7.2.1 水平百叶

2 min、10 min 时含水平(0° 倾角)相变百叶的幕墙通道上、中、下部位的无量纲温度分布如图7.3 和图7.4 所示。由图7.3 可知,不同太阳辐射强度对通道内温度场分布影响较大。当辐射强度为 280 W/m² 时,通道内上、中、下部位温度变化不明显,与外环境接触的左侧玻璃壁面无量纲温度接近 0,而通道内中部温度比左、右两侧玻璃壁面的无量纲温度高67% 、48%;当辐射强度为 680 W/m² 时,幕墙内温度场呈现出"中间高,两边低"的分布规律,通道内含石蜡相变百叶部分的左侧无量纲温度比右侧高 19%;当辐射强度为 1 040 W/m² 时,幕墙左右侧玻璃壁面温度差别较小,通道内含相变百叶部分无量纲温度比通道内空气区域高35%,且其高温区域明显较辐射强度为 680 W/m² 时大,已基本覆盖整个幕墙内空气通道。

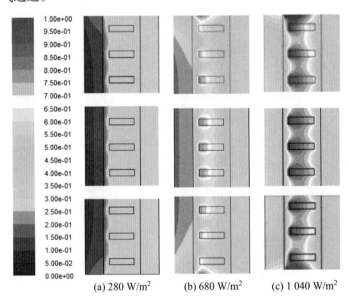

(a) 280 W/m² (b) 680 W/m² (c) 1 040 W/m²

图7.3 2 min 时含水平相变百叶的幕墙通道上、中、下部位的无量纲温度分布

　　由图 7.4 可知,当太阳辐射 10 min 时,其辐射强度对通道内温度场的分布影响更为明显。当辐射强度为 280 W/m² 时,幕墙内无量纲温度分布呈现出"左低右高"的分布规律,通道内上、中、下部位无量纲温度变化不明显;当辐射强度为 680 W/m² 和 1 040 W/m² 时,通道内含石蜡相变百叶及其周围的无量纲温度较其他区域高,呈现出"中间高、四周低"的分布规律,其中辐射强度为 680 W/m² 时,右侧玻璃较左侧玻璃高 18%。当辐射强度为 1 040 W/m² 时,左右侧玻璃温度无量纲温度分布基本一致,整个通道内的无量纲温度形成"以单个百叶为中心,向四周辐射"的温度分布规律。

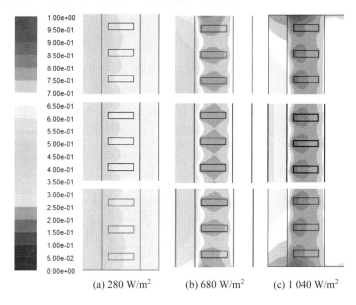

(a) 280 W/m²　　　(b) 680 W/m²　　　(c) 1 040 W/m²

图 7.4　10 min 时含水平相变百叶的幕墙通道上、中、下部位的无量纲温度分布

　　同时由图 7.3 和图 7.4 可见,当辐射强度为 680 W/m² 和 1 040 W/m² 时,幕墙通道内靠近上、下部边界区域形成了局部高温区。形成上述现象的原因是:2 min 时,由于辐射加载时间短,对右侧通道和右侧玻璃的温度场影响较小,其温度场主要受室内环境温度的影响,辐射强度为 280 W/m² 时,由于辐射强度较低,左侧玻璃壁面的温度场主要受室外环境影响,但辐射强度为 680 W/m² 和 1 040 W/m² 时,对幕墙内通道和相变百叶部分的温度场影响明显,这是因为高辐射强度的作用下,左侧玻璃吸收的部分波段的光谱能量,进入左侧通道,但由于相变百叶成 0° 角,百叶左、右两侧气体流动的阻力小,透射的辐射能量被石蜡材料吸收,使其周围温度升高;10 min 时,辐射加载时间足够长,透过左侧玻璃的光谱能量随时间增加,使得辐射强度为 680 W/m² 和 1 040 W/m² 时,相变百叶和幕墙通道内的温度大幅升高,辐射强度为 280 W/m² 时,幕墙左侧通道较右侧温度低,说明了其左、右侧温度场主要受室内外环境温度的影响,低强度的辐射对其温度场影响不大;幕墙通道内靠近上、下部边界区域由于边界层的阻挡使其在上下边界区域形成了局部高温区。

　　图 7.5 为 10 min 时含水平百叶幕墙通道上、中、下部位的无量纲速度分布。由图可见,辐射强度对幕墙通道内的速度场影响较明显,辐射强度为较低的 280 W/m² 时,幕墙通道内的最大速度为 0.005 2 m/s,无量纲速度分布呈现出"两边高、中间低"的分布规律,通道内靠近上、下边界区域的无量纲速度较左侧部位的无量纲速度低 56%,相变百叶右侧周围的无量纲速度基本为 0;辐射强度为 680 W/m² 时,幕墙通道内的最大速度为 0.003 6 m/s,无量纲速度分布呈现出"左侧局部高、右侧低"的依次递减分布规律,通道左侧两百叶之间呈现局部高速度区,而通道内靠近上、下边界区域部位的无量纲速度为零,相变百叶右侧周围形成了环状速度场;辐射强度为 1 040 W/m² 时,幕墙通道内的最大速度为 0.002 1 m/s,无量纲速度分布呈现出"左侧环状高、百叶周侧低"的分布规律,通道左侧两百叶之间呈现空心环状高速区,通道内靠近上、下边界区域部位的无量纲速度无明显变化,通道中间部位相变百叶右侧速度场基本为零。

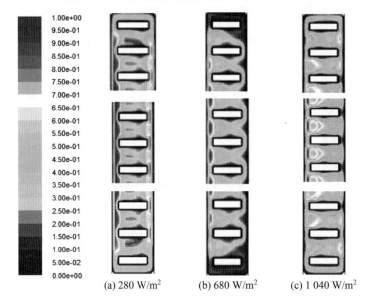

(a) 280 W/m²　　　(b) 680 W/m²　　　(c) 1 040 W/m²

图 7.5　10 min 时含水平相变百叶的幕墙通道上、中、下部位的无量纲速度分布

　　形成上述现象的原因是:辐射强度为 280 W/m² 时,通道内的温度场主要受室内外的环境温度影响,室内外两侧的温差使得靠近百叶两侧的速度较通道中央部位的速度大;辐射强度为 680 W/m² 时,相变百叶材料吸收的热量使其与周边气流进行热交换,故通道左侧的速度有所下降;辐射强度为 1 040 W/m² 时,相变百叶材料吸收的热量较 680 W/m² 时多,使得百叶部位温度高于两侧,与四周进行热交换,故通道内无量纲速度大小基本一致。

7.2.2　倾斜百叶

2 min、10 min 时含倾斜（45°倾角）相变百叶幕墙通道上、中、下部位的无量纲温度分布如图 7.6 和图 7.7 所示。由图 7.6 可知，2 min 时高辐射强度对通道内温度场的分布影响较大，当辐射强度为 280 W/m² 时，通道内上、中、下部位无量纲温度分布比较均匀，除与外环境接触的左侧玻璃壁面无量纲温度接近 0 外，其他区域的温度场基本一致；当辐射强度为 680 W/m² 时，通道内左侧无量纲温度较右侧高 4%；当辐射强度为 1 040 W/m² 时，通道内左侧无量纲温度较右侧高 9%，且其高温区域明显较辐射强度为 680 W/m² 时的大。由图 7.7 可知，10 min 时外环境不同辐射强度对通道内温度场的分布影响较明显，通道内的温度分布成梯度变化，通道内上、中、下部位无量纲温度变化不明显，但当辐射强度为 280 W/m² 时，内侧玻璃壁面无量纲温度较其他区域高 8%；当辐射强度为 680 W/m² 和 1 040 W/m² 时，通道内左侧玻璃内壁面无量纲温度较其他区域高，其中辐射强度为 680 W/m² 时较右侧玻璃和通道区域高 16%，辐射强度为 1 040 W/m² 时较右侧玻璃和右侧通道区域分别高出 41% 和 26%。同时由图 7.6 和图 7.7 可见，当辐射强度为 680 W/m² 和 1 040 W/m² 时，通道内左侧玻璃内壁面靠近上、下部边界区域也形成了局部高温区。

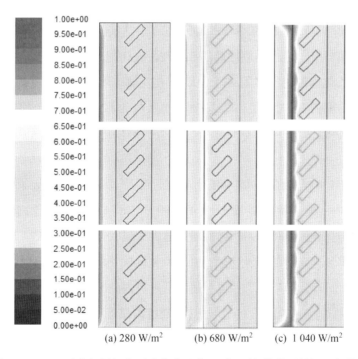

(a) 280 W/m²　　(b) 680 W/m²　　(c) 1 040 W/m²

图 7.6　2 min 时含倾斜相变百叶幕墙通道上、中、下部位的无量纲温度分布

形成上述现象的原因是：2 min 时，由于辐射加载时间短，低太阳辐射对右侧通道、左侧玻璃中间区域和右侧玻璃的温度场影响较小，其温度场主要受室内外环境温度的影响；

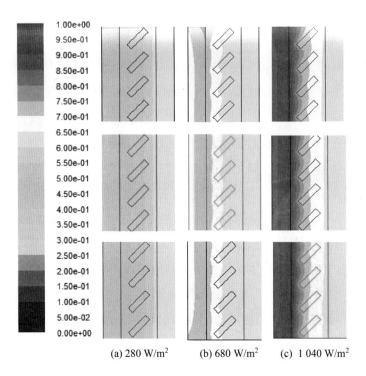

(a) 280 W/m²   (b) 680 W/m²   (c) 1 040 W/m²

图 7.7　10 min 时含倾斜相变百叶的幕墙通道上、中、下部位的无量纲温度分布

但辐射强度为 680 W/m² 和 1 040 W/m² 时,对幕墙内左侧通道的温度场影响明显,这是因为高辐射强度的作用下,透过左侧玻璃的部分波段光谱能量进入左侧通道,但由于百叶的反射和吸收,左右侧通道内气体流动阻力大,致使左侧玻璃内壁面和左侧幕墙通道内温度升高;10 min 时,辐射加载时间足够长,左侧玻璃吸收的部分波段的光谱能量随时间增加,使得辐射强度为 680 W/m² 和 1 040 W/m² 时,左侧玻璃内壁面和幕墙通道内温度大幅升高。

　　10 min 时含倾斜相变百叶(45°倾角)幕墙通道上、中、下部位的无量纲速度分布如图 7.8 所示。 由图可见,辐射强度较低的 280 W/m² 时幕墙通道内的最大速度为 0.005 6 m/s,辐射强度为 680 W/m² 时幕墙通道内的最大速度为 0.003 4 m/s,辐射强度为 1 040 W/m² 时幕墙通道内的最大速度为 0.010 8 m/s。 由此可见,辐射强度对幕墙通道内的速度场的分布影响较明显,3 种辐射强度下通道内的无量纲温度分布基本一致,无量纲速度呈现出"两边高、中间低"的分布规律,通道内靠近上、下边界区域及相邻百叶之间区域其无量纲速度为 0。 形成上述现象的原因是:45°倾角有利于通道内气体的流通,使通道内绕过百叶形成了环状速度场,表明了通道内部热交换较均匀,图 7.7 也证实了这一点,280 W/m² 时通道内温度"左低右高",680 W/m² 和 1 040 W/m² 时通道内的温度均是"左高右低",对通道内气体形成了环状热对流的有利条件。

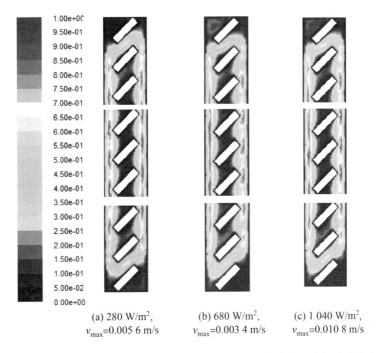

(a) 280 W/m²,   (b) 680 W/m²,   (c) 1 040 W/m²,
v_{max}=0.005 6 m/s v_{max}=0.003 4 m/s v_{max}=0.010 8 m/s

图 7.8　10 min 时含相变百叶幕墙通道上、中、下部位的无量纲速度分布

7.2.3　竖直百叶

2 min、10 min 时含竖直(90° 倾角) 相变百叶幕墙通道上、中、下部位的无量纲温度分布如图 7.9 和图 7.10 所示。由图 7.9 可知,2 min 时太阳辐射强度对左右侧玻璃及其玻璃内壁面的温度场影响较小,当辐射强度为 280 W/m² 时,通道内上、中、下部位无量纲温度分布较均匀;当辐射强度为 680 W/m² 时,在含石蜡相变百叶左侧部位及幕墙内左侧通道靠近上、下边界区域温度场变化明显,其他区域温度场改变较小;当辐射强度为 1 040 W/m² 时,在百叶及左侧通道部位的无量纲温度较右侧通道及左右侧玻璃高34%。

由图 7.10 可知,10 min 时外环境高辐射强度对通道内温度场分布影响较明显,辐射强度为较低的 280 W/m² 时,幕墙内无量纲温度分布呈现出"左低右高"的分布规律,通道内上、中、下部位无量纲温度变化不明显;当辐射强度为 680 W/m² 和 1 040 W/m² 时,通道内含石蜡相变百叶及其周围的无量纲温度较其他区域高,呈现出"中间高、四周低"的分布规律,其中辐射强度为 680 W/m² 时右侧玻璃较左侧玻璃高21%,辐射强度为 1 040 W/m² 时左右侧玻璃温度无量纲温度分布基本一致,整个通道内的无量纲温度形成以"垂直方向相变百叶为中心,向四周辐射"的温度分布规律。同时由图 7.9 和图 7.10 可见,当辐射强度为 680 W/m² 和 1 040 W/m² 时,幕墙左通道内靠近上、下部边界区域形成了局部高温区。

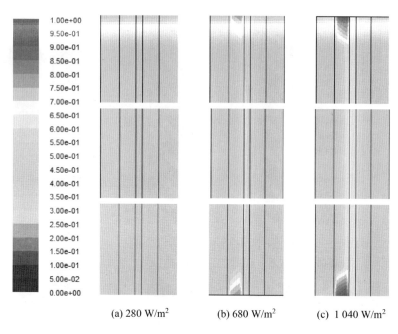

(a) 280 W/m²   (b) 680 W/m²   (c) 1 040 W/m²

图 7.9　2 min 时含竖直相变百叶幕墙通道上、中、下部位的无量纲温度分布

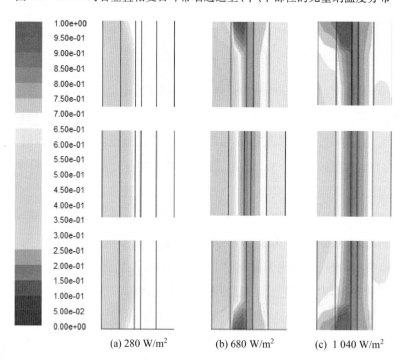

(a) 280 W/m²   (b) 680 W/m²   (c) 1 040 W/m²

图 7.10　10 min 时含竖直相变百叶幕墙通道上、中、下部位的无量纲温度分布

产生上述现象的原因是:2 min 时,由于辐射加载时间短,对幕墙两侧玻璃和通道内的温度场影响较小,其温度场主要受室内外环境温度的影响,当辐射强度为 280 W/m² 时由

于辐射强度较低,太阳辐射对幕墙内部温度场影响较小,但辐射强度为 680 W/m² 和 1 040 W/m² 时,在高辐射强度的作用下左侧玻璃吸收部分能量,但由于相变百叶成 90°角,百叶左、右两侧气其流动的受阻,故对含石蜡百叶右侧的温度场影响较小,透射的辐射能量被石蜡材料吸收使其周围温度升高;10 min 时,辐射加载时间足够长,透过左侧玻璃的光谱能量随时间增加,使得辐射强度为 680 W/m² 和 1 040 W/m² 时相变百叶和幕墙通道内的温度大幅升高,辐射强度为 280 W/m² 时幕墙左侧通道较左侧温度低说明了其左、右侧温度场主要受室内外环境温度的影响,低强度的辐射对其温度场影响不大;幕墙通道内靠近上、下部边界区域由于边界层阻碍了通道内气体的流动,使其在上下边界区域形成了一部分高温区。

10 min 时含竖直(90° 倾角)相变百叶幕墙通道上、中、下部位的无量纲速度分布如图 7.11 所示。由图可见,辐射强度对幕墙通道内速度场分布影响较明显,辐射强度较低的 280 W/m² 时幕墙通道内的最大速度为 0.004 6 m/s,相变百叶左侧无量纲速度呈现出"两边高、中间及边缘低"的分布规律,且左侧中间部位的无量纲速度较两侧低 43%,相变百叶右侧的无量纲速度基本为 0;辐射强度为 680 W/m² 时幕墙通道内的最大速度为 0.004 2 m/s,相变百叶左右侧无量纲速度均呈现出"两边高、中间及边缘低"的分布规律,左侧通道中部无量纲速度较右侧通道无量纲速度高 27%,且右侧通道中部靠近上、下边界区域部位的无量纲速度接近0;辐射强度为 1 040 W/m² 时,幕墙通道内的最大速度为 0.003 6 m/s,相变百叶两侧的通道无量纲速度均呈现出"两边高、中间及边缘低"的分布规律,通道左侧中部无量纲速度较右侧中部无量纲速度高 19%。3 种辐射强度下,除了辐射强度为 280 W/m² 时,相变百叶两侧通道的上下部位与中部速度场存在明显的区别,主要表现在上、下部靠近顶端和底部区域速度逐渐降低。

产生上述现象的原因是:百叶材料与水平面成 90° 倾角,阻碍了相变百叶两侧气体的流通,左侧直接接受辐射强度的作用,使左侧通道内气流加速流动。辐射强度为 280 W/m² 时,通道右侧温度场均匀,气体自然对流较弱,故速度较小;辐射强度为 680 W/m² 时,相变百叶材料吸收的热量使其与周边气流进行热交换,增强了右侧通道内气体的流动,故通道右侧的速度增加;辐射强度为 1 040 W/m² 时,相变百叶材料吸收的热量较680 W/m² 时多,使得百叶部位温度高于两侧,与四周进行热交换,故通道内无量纲速度较680 W/m² 时高 21%。

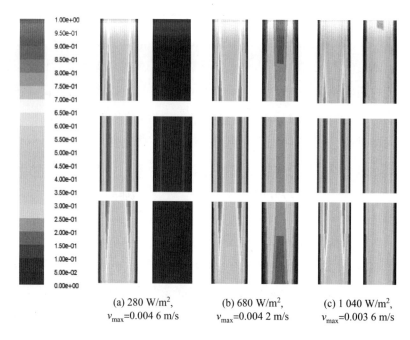

(a) 280 W/m²,   (b) 680 W/m²,   (c) 1 040 W/m²,

v_{max}=0.004 6 m/s v_{max}=0.004 2 m/s v_{max}=0.003 6 m/s

图 7.11 10 min 时含竖直相变百叶幕墙通道上、中、下部位的无量纲速度分布

7.3   本章小结

本章建立了含石蜡材料幕墙通道二维非稳态传热模型,借助 Fluent 软件模拟分析了百叶倾角、辐射强度对幕墙通道传热的影响,得到如下结论:

(1)辐射强度对幕墙通道和百叶部分的温度场影响明显,太阳辐射强度越大其影响越明显,而且幕墙通道内温度场呈现出"左低右高"的分布规律。

(2)百叶倾角对通道内温度场的分布影响也较大。水平百叶通道内形成了以单个百叶为中心的温度场;45°倾角相变百叶的通道内形成了环形气流,通道内的热交换以气体的自然对流为主;竖直百叶幕墙通道内形成了以左侧通道为中心的高温温度场,在左侧通道上下部位存在局部高温区。

(3)百叶倾角和辐射强度均对通道内气体无量纲速度影响明显。水平百叶时,辐射强度大,通道左右侧温差小,降低了通道内气体速度;45°倾角时,辐射能量被百叶材料阻挡,使得通道左侧及相变百叶温度升高,通道左右两侧温差较大,围绕着百叶形成了环形速度场;90°倾角时,高辐射强度时左侧通道和百叶材料吸收大部分辐射能量,百叶向右侧通道辐射热量,在右侧通道的速度较小。

参考文献

[1] PENG J, CURCIJA D C, LU L, et al. Numerical investigation of the energy saving potential of a semi-transparent photovoltaic double-skin facade in a cool-summer Mediterranean climate [J]. Applied Energy, 2016, 165: 345-356.

[2] SHEN C, LI X. Solar heat gain reduction of double glazing window with cooling pipes embedded in venetian blinds by utilizing natural cooling [J]. Energy and Buildings, 2016, 112: 173-183.

[3] POMPONI F, PIROOZFAR P A E, SOUTHALL R, et al. Energy performance of Double-Skin Facades in temperate climates: A systematic review and meta-analysis [J]. Renewable and Sustainable Energy Reviews, 2016, 54: 1525-1536.

[4] WONG I, BALDWIN A N. Investigating the potential of applying vertical green walls to high-rise residential buildings for energy-saving in sub-tropical region [J]. Building and Environment, 2016, 97: 34-39.

[5] SOARES N, COSTA J J, VICENTE R, et al. Numerical evaluation of a phase change material-shutter using solar energy for winter nighttime indoor heating [J]. Journal of Building Physics, 2014, 37(4): 367-394.

[6] TAY N H S, BELUSKO M, BRUNO F. Designing a PCM storage system using the effectiveness-number of transfer units method in low energy cooling of buildings [J]. Energy & Buildings, 2012, 50: 234-242.

[7] ALAWADHI E M. Using phase change materials in window shutter to reduce the solar heat gain [J]. Energy & Buildings, 2012, 47(3): 421-429.

[8] CHAICHAN M T, KAZEM H A. Water solar distiller productivity enhancement using concentrating solar water heater and phase change material (PCM) [J]. Case Studies in Thermal Engineering, 2015, 2: 151-159.

[9] CHUSAK L, DAIBER J, AGARWAL R. Increasing energy efficiency of HVAC systems of buildings using phase change material [J]. International Journal of Energy & Environment, 2011, 3(5): 47-55.

[10] KENISARIN M, MAHKAMOV K. Passive thermal control in residential buildings using phase change materials [J]. Renewable & Sustainable Energy Reviews, 2016,

55：371-398.

[11]LIN B Q, LIU H X. China's building energy efficiency and urbanization [J]. Energy and Buildings, 2015, 86：356-365.

[12]KIBRIA M A, SAIDUR R, AL-SULAIMAN F A, et al. Development of a thermal model for a hybrid photovoltaic module and phase change materials storage integrated in buildings [J]. Solar Energy, 2016, 124：114-123.

[13]NAVARRO L, GRACIA A, CASTELL A, et al. Thermal behaviour of insulation and phase change materials in buildings with internal heat loads：experimental study [J]. Energy Efficiency, 2015, 8(5)：895-904.

[14]SILVA T, VICENTE R, RODRIGUES F. Literature review on the use of phase change materials in glazing and shading solutions [J]. Renewable and Sustainable Energy Reviews, 2016, 53：515-535.

[15]POINTNER H, GRACIA A, VOGEL J, et al. Computational efficiency in numerical modeling of high temperature latent heat storage：Comparison of selected software tools based on experimental data [J]. Applied Energy, 2016, 161：337-348.

[16]ALVARO G, LIDIA N, ALBERT C, et al. Life cycle assessment of a ventilated facade with PCM in its air chamber [J]. Solar Energy, 2014, 104：115-123.

[17]LONG L S, YE H, GAO Y F, et al. Performance demonstration and evaluation of the synergetic application of vanadium dioxide glazing and phase change material in passive buildings [J]. Applied Energy, 2014, 136：89-97.

[18]RYU R, SEO J, KIM Y S. A Study on Appropriate Temperature of Phase Change Material applicable to Double Skin Facade System for Heating Energy Load Reduction [J]. International Journal of Smart Home, 2014, 8(6)：1-12.

[19]FRANCESCO G, MICHELE Z, EMILIANO C, et al. Characterization of the optical properties of a PCM glazing system [J]. Energy Procedia, 2012, 30：428-437.

[20]ALVARO G, CASTELL A, FERNANDEZ C, et al. A simple model to predict the thermal performance of a ventilated facade with phase change materials [J]. Energy and Buildings, 2015, 93：137-142.

[21]THIELE A M, JAMET A, SANT G, et al. Annual energy analysis of concrete containing phase change materials for building envelopes [J]. Energy Conversion and Management, 2015, 103：374-386.

[22]MANZ H. Total solar energy transmittance of glass double facades with free

convection [J]. Energy and Buildings, 2004, 36(2): 127-136.

[23]MANZ H, FRANK T. Thermal simulation of buildings with double-skin facades [J]. Energy and Buildings, 2005, 39: 1114-1121.

[24]JAEWAN J, WONJ C. Optimal design of multi-story double shin facade [J]. Energy and Buildings, 2014, 76: 143-150.

[25]JIRU T E, TAO Y X, HAGHIGHAT F. Air flow and heat transfer in double skin facades [J]. Energy and Buildings, 2011, 43: 2760-2766.

[26]GHADIMI M, GHADAMIAN H, HAMIDI A A, et al. Numerical analysis and parametric study of the thermal behavior in multiple-skin facades [J]. Energy and Buildings, 2013, 67: 44-55.

[27]HAZEM A, AMEGHCHOUCHE M, BOUGRIOU C. A numerical analysis of the air ventilation management and assessment of the behavior of double skin facades [J]. Energy and Buildings, 2015, 102: 225-236.

[28]BRANDL D, MACH T, GROBBAUER M, et al. Analysis of ventilation effects and the thermal behaviour of multifunctional facade elements with 3D CFD models [J]. Energy and Buildings, 2014, 85: 305-320.

[29]ALVARO G, LIDIA N, ALBERT C, et al. Numerical study on the thermal performance of a ventilated facade with PCM [J]. Applied Thermal Engineering, 2013, 61(02): 372-380.

[30]KARINA E A, SAIF W M. Experimental and numerical studies of solar chimney for natural ventilation in Iraq [J]. Energy and Buildings, 2012, 47: 450-457.

[31]FRANCESCO G, MARCO P, MATTHIAS H. A numerical model to evaluate the thermal behaviour of PCM glazing system configurations [J]. Energy and Buildings, 2012, 54: 141-153.

[32]NICOLA M, TORWONG C, ANDREW W. The fluids mechanics of the natural ventilation of a narrow-cavity double-skin facade [J]. Building and Environment, 2011, 46: 807-823.

[33]JOEP R, FEI L, WIM Z, et al. Double facades: comfort and ventilation aspects at an extremely complex case study [J]. International Journal of Sustainable Energy, 14, Apr 2014.

[34]WONJUN C, JAEWAN J, YOUNGHOON K, et al. Operation and control strategies for multi-storey double skin facades during the heating season [J]. Energy and

buildings, 2012, 49: 454-465.

[35]JAEWAN J, WONJUN C, HANSOL K, et al. Load characteristics and operation strategies of building integrated with multi – storey double skin facade [J]. Energy and buildings, 2013, 60:185-198.

[36]WANG D J, LIU Y F, WANG Y M, et al. Theoretical and experimental research on the additional thermal resistance of a built-in curtain on a glazed window [J]. Energy and Buildings, 2015, 88: 68-77.

[37]ALVARO G, LIDIA N, ALBERT C, et al. Experimental study of a ventilated facade with PCM during winter period [J]. Energy and Buildings, 2013, 58: 324-332.

[38]ALVARO G, LIDIA N, ALBERT C, et al. Thermal analysis of a ventilated facade with PCM for cooling applications [J]. Energy and Buildings, 2013, 65: 508-515.

[39]FRANCESCO G, MARCO P, VALENTINA S. Improving thermal comfort conditions by means of PCM glazing systems [J]. Energy and Buildings, 2013, 60: 442-452.

[40]ANDELKOVI A S, BRANKA G, KLJAJI M, et al. Experimental research of the thermal characteristics of a multi-storey naturally ventilated double skin facade [J]. Energy and Buildings, 2015, 86: 766-781.

[41]SILVA T, VICENTE R, RODRIGUES F, et al. Development of a window shutter with phase change materials: Full scale outdoor experiment approach [J]. Energy and Buildings, 2015, 88: 110-121.

[42]CARLOS J S, CORVACHO H. Evaluation of the thermal performance indices of a ventilated double window through experimental and analytical procedures: Uw-values [J]. Renewable Energy, 2014, 63: 747-757.

[43]JORGE S C, HELENA C. Evaluation of the thermal performance indices of a ventilated double window through experimental and analytical procedures: SHGC-values [J]. Energy and Buildings, 2015, 86: 886-897.

[44]YE T, KE X F. Study on thermal performance of passive evaporative cooling double-skin facade[C]. 2011 Third International Conference on Measuring Technology and Mechatronics Automation (ICMTMA), IEEE, 2011, 3: 593-596.

[45]GRACIA C A, NAVARRO L, CASTELL A, et al. Solar absorption in a ventilated facade with PCM. Experimental results [J]. Energy Procedia, 2012, 30: 986-994.

[46]HELMUT W, WERNER K, MICHAEL H. Monitoring results of an interior sun protection system with integrated latent heat storage [J]. Energy and Buildings,

2011, 43: 2468-2457.

[47]LI S H, ZHONG K C, ZHOU Y Y. Comparative study on the dynamic heat transfer characteristics of PCM-filled glass window and hollow glass window [J]. Energy and Buildings, 2014, 85: 483-492.

[48]CARBONARI A, FIORETTI R, NATICCHIA B, et al. Experimental estimation of the solar properties of a switchable liquid shading system for glazed facades [J]. Energy and Buildings, 2012, 45: 299-310.

[49]LI D, AI Q, XIA X L, et al. Optical constants effect on laminar natural convection and radiation in rectangular enclosure with one vertical semitransparent wall [J]. International Journal of Heat and Mass Transfer, 2013, 67: 724-733.

[50]LI D, AI Q, XIA X L. Determined optical constants of ZnSe glass from 0. 83 to 21 μm by transmittance spectra: Methods and measurements [J]. Japanese Journal of Applied Physics, 2013, 52(4R): 046602.

[51]HEE W J, ALGHOUL M A, BAKHTYAR B, et al. The role of window glazing on daylighting and energy saving in buildings [J]. Energy and Buildings, 2015, 42: 323-343.

[52]BURKA A L, EMEL'YANOV A A, SINITSYN V A. Heat transfer in semitransparent gas-permeable materials with the spectral dependence of optical properties [J]. Journal of Engineering Physics and Thermophysics, 2014, 87: 69-74.

[53]PRAVEEN P L, OJHA D P. Optical absorption behavior and spectral shifts of fluorinated liquid crystals in ultraviolet region: A comparative study based on DFT and semiempirical approaches [J]. Journal of Molecular Liquids, 2014, 194: 8-12.

[54]GOWREESUNKER B L, STANKOVIC S B, TASSOU S A, et al. Experimental and numerical investigations of the optical and thermal aspects of a PCM-glazed unit [J]. Energy and Buildings, 2013, 61: 239-249.

[55]FRANCESCO G, MICHELE Z, EMILIANO C, et al. Spectral and angular solar properties of a PCM-filled double glazing unit[J]. Energy and Buildings, 2015, 87: 302-312.

[56]KEEFE C D, MACDOMALD J L. Optical constant, molar absorption coefficient, and imaginary molar polarizability spectra of liquid hexane at 25 ℃ extended to 100 cm^{-1} and vibrational assignment and absolute integrated Intensities between 4 000 and

100 cm⁻¹[J]. Vibrational Spectroscopy, 2007, 44(1): 121-132.

[57] LI D, XIA X L, AI Q. Comparison of two inversion methods on optical constants of semitransparent liquid [J]. Journal of Harbin Institute of Technology, 2012, 44(9): 73-77.

[58] 李栋, 艾青, 夏新林. 透射法测量半透明液体热辐射物性的双厚度模型 [J]. 化工学报, 2012, 63(S1): 123-129.

[59] OTANICAR T P, PHELAN P E, GOLDEN J S. Optical properties of liquids for direct absorption solar thermal energy systems [J]. Solar Energy, 2009, 83(7): 969-977.

[60] 谈和平, 夏新林, 刘林华, 等. 红外辐射特性与传输的数值计算 —— 计算热辐射学 [M]. 哈尔滨: 哈尔滨工业大学出版社, 2006.

[61] 余其铮. 辐射换热原理[M]. 哈尔滨: 哈尔滨工业大学出版社, 2000.

[62] TUNTOMO A, TIEN C L, PARK S H. Optical constants of liquid hydrocarbon fuels [J]. Combustion Science and Technology, 1992, 84(1): 133-140.

[63] 齐宏. 弥散颗粒辐射反问题的理论与实验研究[D]. 哈尔滨: 哈尔滨工业大学, 2008.

[64] 刘晓东. 高温微粒红外辐射特性测量技术研究[D]. 哈尔滨: 哈尔滨工业大学, 2008.

[65] BERTIE J E, EYSEL H H. Infrared intensities of liquids I: determination of infrared optical and dielectric constants by FT – IR using the CIRLE ATR cell [J]. Applied Spectroscopy, 1985, 39(3): 392-401.

[66] GOPLEN T G, CAMERON D G, JONES R N. Absolute absorption intensity and dispersion measurements on some organic liquids in the infrared [J]. Applied Spectroscopy, 1980, 34(6): 657-691.

[67] 阮立明. 煤灰例子辐射特性的研究[D]. 哈尔滨: 哈尔滨工业大学, 1997.

[68] 戴景民. 多光谱辐射测温技术研究[D]. 哈尔滨: 哈尔滨工业大学, 1995.

[69] BERTIE J E, AHMED M K, BALUJA S. Infrared intensities of liquids. 5. Optical and dielectric constants, integrated intensities, and dipole moment derivatives of H_2O and D_2O at 22 ℃ [J]. The Journal of Physical Chemistry, 1989, 93: 2210-2218.

[70] LI D, LI Z, ZHENG Y, et al. Optical performance of single and double glazing units in the wavelength 337 – 900 nm [J]. Solar Energy, 2015, 122: 1091-1099.

[71] LI D, AI Q, XIA X L. Measured optical constants of ZnSe glass from 0.83 μm to 2.20 μm by a novel transmittance method [J]. Optik, 2013, 124: 5177-5180.

[72]KHASHAN M A, NASSIF A Y. Dispersion of the optical constants of quartz and polymethyl methacrylate glasses in a wide spectral range: 0.2 - 3 μm [J]. Optics communications, 2001, 188(1): 129-139.

[73] 李栋, 夏新林, 艾青. 两种反演半透明液体光学常数的方法对比[J]. 哈尔滨工业大学学报, 2012, 44(9): 73-77.

[74] 孙凤贤, 刘昌宇, 夏新林, 等. 太阳辐照对静止水面稳态蒸发的影响[J]. 计算物理, 2014, 6: 699-705.

[75]WANG F Q, TAN J Y, MA L X, et al. Thermal performance analysis of porous medium solar receiver with quartz window to minimize heat flux gradient [J]. Solar Energy, 2014, 108: 348-359.

[76]WANG F Q, SHUAI Y, TAN H P, et al. Researches on a new type of solar surface cladding reactor with concentration quartz window [J]. Solar Energy, 2013, 94: 177-181.

[77]WANG F Q, TAN J Y, MA L X, et al. Effects of glass cover on heat flux distribution for tube receiver with parabolic trough collector system [J]. Energy Conversion and Management, 2015, 90: 47-52.

[78]ISMAIL K A R, SALINAS C T, HENRIQUEZ J R. Comparison between PCM filled glass windows and absorbing gas filled windows [J]. Energy and Buildings, 2008, 40(5): 710-719.

[79]ZHONG K C, LI S H, SUN G, et al. Simulation study on dynamic heat transfer performance of PCM – filled glass window with different thermophysical parameters of phase change material [J]. Energy and Buildings, 2015, 106: 87-95.

[80]DALAL R, NAYLOR D, ROELEVELD D. A CFD study of convection in a double glazed window with an enclosed pleated blind [J]. Energy and Buildings, 2009, 41(11): 1256-1262.

名词索引

豪斯道夫（Hausdorff，1868—1942）德国数学家。生于布雷斯劳，卒于波恩。曾在莱比锡、弗赖堡和柏林等地的大学学习。1891 年毕业于莱比锡，获得博士学位。5 年后成为该校的讲师，1902 年晋升为教授。后来又到格列弗尔兹大学和波恩大学任职。第二次世界大战期间，因其犹太血统而受迫害，1935 年被勒令退职。其著作禁止出版，并被列入关押集中营的黑名单，虽未执行，但终因不愿受迫害而于 1942 年 1 月与其家人在波恩自杀身亡。

豪斯道夫在集合论、拓扑学、连续群论、泛函分析、数论、概率论和几何学等许多数学分支都有所建树。他最重要的贡献是在集合论和点集拓扑学方面。1914 年，他与弗雷歇同时分别研究了 G. 康托尔提出的关于集的连通性概念等。他引入了一套公理并建立起拓扑空间理论。他的专著《集论》对一般拓扑学和度量空间理论的发展有重要意义，豪斯道夫理论从而被认为是一般拓扑学的奠基人。豪斯道夫在数学分析方面解决了许多重要课题。

名家手笔　大师真传
重温经典　价值永恒

60
Ω
1=0
刘培杰
数学工作室

刘培杰数学工作室网站

测度与 Hausdorff 维数
Peano 曲线与 Hausdorff 维数

PEANO QUXIAN HE HAUSDORFF
CEDU YU HAUSDORF WEISHU

湖盛麟
刘培杰
数学工作室
主编